AF389075

BIBLIOTHÈQUE D'HORTICULTURE

(ENCYCLOPÉDIE HORTICOLE)

LES VIOLETTES

LEURS ORIGINES, LEURS CULTURES

PAR

A. MILLET

Horticulteur à Bourg-la-Reine (Seine)
Membre de la Société Centrale d'Horticulture de France
Vice-Président du Comité de Floriculture
Grand Prix et Premier Prix en 1878-1889

———

AVEC 23 FIGURES DANS LE TEXTE

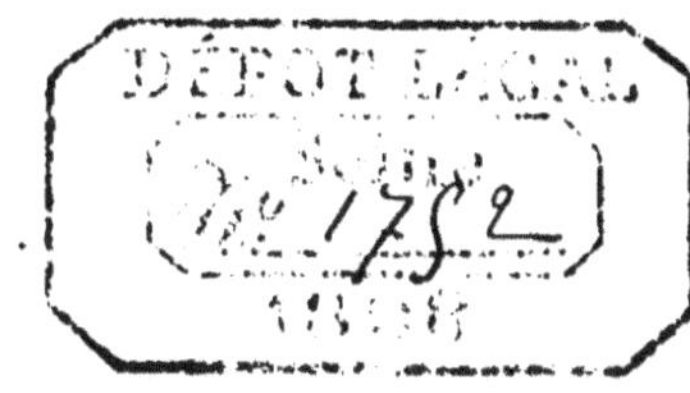

PARIS

<table>
<tr><td>OCTAVE DOIN
ÉDITEUR
8, PLACE DE L'ODÉON</td><td>LIBRAIRIE AGRICOLE
DE LA MAISON RUSTIQUE
26, RUE JACOB, 26</td></tr>
</table>

1898

A MES LECTRICES

C'est à vous, Mesdames, que j'ai l'honneur de dédier ces lignes. Par votre goût délicat, par le besoin de tout ce qui est beau, par votre amour pour les fleurs et, en particulier, pour ces fleurs nouvelles qui accroissent tous les jours en beauté, vous avez suggéré à d'humbles jardiniers de marcher en avant, de créer et de faire l'impossible pour vous plaire. Aussi, sous votre charme puissant, ils sont devenus des artistes de la création florale, et, comme c'est en partie à votre inspiration que je dois de pouvoir écrire ces pages, permettez-moi de vous les offrir comme le modeste et respectueux hommage de ma reconnaissance.

INTRODUCTION

Célébrer les louanges de ce qu'on aime paraît, à première vue, très facile ; mais, quand le sujet est de nature délicate et qu'il se cache au lieu de se montrer, le travail devient alors beaucoup plus laborieux : c'est ce qui m'est arrivé en écrivant ce livre.

Sollicité depuis longtemps déjà par de nombreux amis, amateurs du genre, je rêvais d'écrire la vie et l'histoire des violettes, lorsque M. Doin, l'éditeur de publications agricoles, me proposa de faire de mon rêve une réalité, en mettant sur pied le volume : *Violette.*

Il me prenait là par mon faible. Pensez donc, chers lecteurs, écrire la vie de la fleur aimée, c'est en quelque sorte écrire la vie de ceux qui vous sont chers, c'est écrire le Passé ; c'est aussi le Présent et c'est même l'Avenir pour ceux qui peuvent joindre la pratique à la théorie.

Aussi est-ce avec joie que je me mis à l'œuvre ;

mais toujours et en tout, la médaille a son revers, et je m'aperçus bien vite que, sur cette plante, il n'y avait pas ou très peu de documents. J'en étais donc réduit à mes propres armes, car aucun amateur n'avait encore, abordé ce sujet. Je savais bien qu'il courait, par le monde, quelques récits et anecdotes sur les violettes, mais toutes plus fantaisistes les unes que les autres, sans détails très précis, voire même sans grand fond de réalité. Appelé, par ce travail, à faire toutes les recherches possibles sur l'Histoire ancienne de ma protégée, j'ai été frappé, au cours de ces recherches, du peu de documents existants, anciens ou nouveaux. De pratiques de cultures, il n'en existait pas avant un petit fascicule que j'ai eu l'occasion de publier en 1878.

Toute pauvre que fût l'histoire, j'avais le bonheur de posséder un vieil ouvrage, avec gravures sur bois, publié en latin à Anvers en 1566. J'y ai puisé largement; notre grand La Quintynie (1690-1730) avait aussi publié quelques notions de culture, et cité plusieurs variétés, bien élémentaires sans doute, mais qui déjà marquaient un pas vers l'avenir. C'était une seconde source, à laquelle j'ai beaucoup puisé ; puis je me suis aidé, éclairé, inspiré des meilleures notes, des plus précieux souvenirs historiques, c'est-à-d re l'expérience et la tradition que je tiens de mes ancêtres.

Récits authentiques et pratiques à la fois, auxquels j'ai joint, pour les offrir à mes lecteurs, les efforts constants de ma carrière déjà longue.

J'ai cru devoir diviser l'ouvrage en deux parties distinctes : dans l'une, je traite la partie historique où successivement je fais passer sous les yeux de mes lecteurs les variétés anciennes, les services qu'elles rendaient, qu'elles rendent encore, puis celles de nos jours, comment elles sont nées, pourquoi elles sont toujours recherchées, en bravant impunément le proverbe qui dit : Tout lasse et tout passe (elles passent, jamais ne lassent).

Dans l'autre partie, je me suis attaché à vulgariser les cultures, à les rendre pratiques, commodes à exécuter, peu coûteuses et à la portée de tous. J'ai été aussi clair que possible, expliquant la culture dans toute la simplicité de son exécution. Pour mieux donner une idée de la forme de la fleur, j'ai songé à la photographie, qui seul pouvait en rendre l'exactitude : avec soin j'ai photographié les variétés les plus méritantes. M. Doin, notre dévoué orchidophile, n'a rien négligé pour les gravures et clichés qui ont été exécutés par main de maître. Enfin je me suis efforcé de prouver qu'avec un peu de travail, bien compris, on pouvait arriver à produire grand et beau, et qu'à peu de frais on pouvait joindre l'agréable à l'utile : tel a été mon but dans le cours de cet ouvrage. L'ai-je atteint? C'est là mon grand désir. Puissent mes lecteurs et lectrices, y trouver l'objet de leurs recherches et leurs satisfactions, car ce sera ma plus belle récompense !

MILLET.

Bourg-la-Reine, 17 février 1898.

LES VIOLETTES

LEURS ORIGINES, LEURS CULTURES

PREMIÈRE PARTIE

HISTORIQUE DES VIOLETTES. CE QU'EN PENSE L'AUTEUR

Chers lecteurs, pardonnez-moi si mon sujet n'est pas toujours amusant, et si quelquefois vous remarquez, dans ce petit ouvrage, une prédilection pour ma protégée. Dois-je cela à ma naissance, qui s'est effectuée au milieu de quantité de bouquets de violettes ? Un peu, probablement, mais aussi à ce que je suis redevable à cette fleur de la modeste position sociale que j'occupe ; si je me permets d'évoquer, en quelques lignes, ces souvenirs d'antan, c'est pour bien faire savoir que, de père en fils, nous avons vécu de la culture des violettes et que nos soins de chaque jour étaient constamment portés vers cette plante qui fut une partie de notre existence. Dieu sait, si nous l'avons bien soignée, chauffée, dorlotée, pour l'obtenir belle, et cela dans les moments les plus difficiles, dans les hivers les plus rigoureux. Que de recherches pour en améliorer la [race! Que de soins sans résultats! quel nombre d'années passées sans arriver à rien! Mais, sans nous décourager, nous avons lutté (je dis nous, parce que mon père avait déjà obtenu quelques variétés se distinguant de l'ordinaire), et je suis heureux et fier aujourd'hui des succès obtenus bien justifiés, car, malgré sa modestie, c'est sûrement la fleur qui (sa grande sœur la rose exceptée) se vend en plus grande quantité et pour les plus fortes sommes, surtout en France.

Lequel de nos aïeux aurait pu penser qu'en l'an de grâce 1895, elle voyagerait en wagons capitonnés et chauffés, comme nos plus grandes dames? Nul n'aurait supposé que cette petite fleurette, toute timide, croissant au pied de nos haies, dans nos grands bois, ou cachée sous l'herbe de nos prairies, se créerait une place marquante parmi ses rivales contemporaines. A quoi doit-elle cette vogue continue? cette prédilection parmi tant d'autres fleurs? Serait-ce parce que quelques poètes anciens l'ont chantée? parce que quelques grands hommes, comme Napoléon Ier, l'ont affectionnée? Je ne le crois pas. Ma conviction est qu'elle doit la préférence dont on l'entoure au bon goût de la femme française qui voit en elle la modestie de sa tenue, en même temps que son parfum sans égal, qui embaume nos demeures, sans pourtant nous incommoder. Elle fait penser à notre vie éphémère et semble dire : Je suis, je passe, et pourtant il fait bon vivre.

Son histoire est des plus anciennes. Pendant des siècles elle crût à l'état sauvage, on la cueillait sur le bord des chemins, le long des haies, dans les prairies; de temps immémorial, on en faisait sécher les fleurs et on les utilisait ainsi que les racines pour la médecine adoucissante ; de nos jours on ne l'emploie que comme tisane.

Les légendes de son origine et de son nom sont assez communes. Comme je l'ai dit plus haut, beau-

Fig. 1. — Fac-similé d'une gravure sur bois de MCLXVI.

coup d'auteurs anciens en ont parlé, en voici quelques souvenirs que je leur emprunte :

Légendes et ouvrages sur la violette.

Les Grecs donnaient à la violette le nom de *Ion purpurium* c'est-à-dire violette pourprée.

Théophraste, l'appelle *Ion Mélan*, c'est-à-dire violette noire, à cause de sa couleur rouge tirant sur le noir.

Pline dit que le mot *Ion* désigne seulement la violette et la distingue des espèces approchantes par leur couleur.

Les herboristes ont conservé le mot latin *viola* et appellent cette plante violette ou mère des violettes.

Les Allemands (Germani) l'appelaient *Blau veiel oder*, *Mertz en violen*, violette qui fleurit en mars.

Les Français (Galli), violette de Mars.

Les Belges (Belgen), *violetten*.

Dans sa description de la terre, Nicoder, au dire d'Hermolaüs, pense que les Grecs ont appelé la violette « Ion » parce les Nymphes de l'Ionie furent les premières à l'offrir en présent à Jupiter ; d'autres affirmaient que le nom Ion vient de ce que, lorsque Jupiter eut changé en genisse la jeune Io, qu'il avait convoitée, la terre produisit sous ses pieds des fleurs poussées à cette occasion, et qui tirent leur nom de Ion (violette) qui était celui de la jeune fille ; c'est pour cela que, dans le latin, le mot violette a la même signification de celui de génisse.

Pour le même motif, Servius dit qu'en latin le mot *viola* (violette) a le même sens que *vaccin* et cite à cette occasion le passage des *Bucoliques* de Virgile, où il est dit :

Alba ligustra cadunt, vaccinia nigra leguntur

Les blancs troènes tombent, on cueille les airelles noires.
(Les blanches clématites tombent, les noires violettes sont cueillies)

... Pallentes violas et summa papavera carpens

Cueillant les pâles violettes et les grands pavots.

Cependant Virgile, dans son églogue X^e, montre que la violette (*viola*) diffère de *violarii vaccinium* (il y a des violettes noires, violiers).

Vitruve, dans son septième livre de *De Architectura* distingue la violette du vaccin, car il nous apprend qu'on fait la couleur du rouge (*rouge ou sil attique*) avec la violette et une belle pourpre avec le vaccin.

« Lorsque les teinturiers, dit-il, veulent imiter le sil attique, ils mettent des violettes sèches dans un vase, les font bouillir dans l'eau, et, quand le tout est encore tiède, ils le passent dans un linge, en l'exprimant avec les mains. Ils reçoivent dans un mortier l'eau colorée par les violettes, et la répandent sur de l'érétrie ; ils les pilent ensemble, et en font la couleur rouge ou sil attique ; en traitant le violier de la même manière et le mêlant avec du lait, ils obtiennent une belle couleur pourpre. »

Espèces dont on parlait en 1566.

tiré de l'ouvrage latin publié à Anvers par le docteur Rembert de Dodone.

Passons sur ces temps éloignés.

J'ai sous les yeux une description de cette plante, de l'année 1564, publiée en latin à Anvers par le docteur Rembert de Dodone. Dans cet ouvrage plein d'intérêt, écrit en grec et en latin, l'auteur étudie les différents fruits et fleurs de ce temps avec les noms allemands, flamands, français et italiens. Ce livre est illustré de dessins sur bois très bien faits, où j'ai eu le bonheur de retrouver la forme et le type de bien des plantes après 330 ans passés.

C'est le premier qui parle des violettes doubles, sans pourtant spécifier si elles appartiennent à la race des Parmes ; j'ai tout lieu de croire qu'il faisait

allusion aux violettes doubles ordinaires, doubles
bleus et doubles roses, qui portent des graines de
temps en temps; sans en rien retrancher ni ajouter,
voici la description exacte qu'il en faisait :

DE LA VIOLETTE NOIRE OU POURPRÉE

« La violette noire ou pourprée jette de sa racine
des feuilles nombreuses, larges, veinées et légèrement festonnées qui sont plus minces, plus ou moins
arrondies, plus foncées que celles du lierre, surtout
dans leur limbe supérieur ou de dessus; du milieu
de ces feuilles sortent de légers stylets portant chacun une fleur unique, belle, odorante, d'un rouge
bleu foncé, rarement blanche, composée de cinq
petits pétales, dont le plus bas est le plus grand.
Le calice de cette fleur est pendant, et, quand il est
mûr, il forme trois compartiments, la graine en est
petite et d'une rondeur un peu allongée.

« La violette, malgré ses minces racines fibreuses
est vivace l'été comme l'hiver; elle résiste très bien
au froid dans des lieux couverts, à côté des ronces,
des murs, des haies, des jardins et des champs;
abondante et en touffes dans un terrain gras, elle
fleurit ordinairement en mars, et le plus tard en
avril.

« A ce genre appartient une violette double ou à
pétales multiples qu'on ne trouve que dans les jardins.

« Il y a aussi une espèce de violette sauvage à
feuilles plus petites, à fleurs plus pâles, peu odorantes ou sans odeur; elle croît dans les endroits
ombragés, le long des haies et des fossés dans des
terrains ordinairement secs et stériles.

« Les fleurs et les feuilles de violettes ont des

propriétés rafraîchissantes et émollientes assez efficaces.

« Leurs fleurs son employées pour toutes les inflammations internes, surtout des reins et des pou-

Fig. 2. — *Viola odorata*. Type sauvage.

mons ; elles adoucissent les engorgements et les lésions de la poitrine, de la trachée-artère et de la gorge, diminuent la trop grande inflammation du foie, des reins et de la vessie, tempèrent l'ardeur des fièvres brûlantes, combattent l'acrimonie de la bile, évitent et apaisent la soif.

« Pour ce qui est du gâteau ou séparion, comme le

nomme Actuarius, fait avec un bouillie dans laquelle
on a fait macérer une certaine quantité de violettes
fraîches, il adoucit le ventre et fait injecter la bile
par le bas quand on en mange trois ou quatre onces.

« On fait avec les violettes une huile qui a une
vertu réfrigérante et émolliente très efficace ; quand
on en frotte les tempes, elle rend très doux un
sommeil qu'éloigne une fièvre chaude ou mali-
gne ; mêlée à du jaune d'œuf, elle adoucit les
douleurs des hémorrhoïdes et du fondement ; on
l'ajoute avec avantage aux cataplasmes réfrigérants
et à ceux qui endorment les douleurs.

« Que l'huile dans laquelle on fait macérer les
violettes, soit faite avec des olives fraîches, que les
Grecs appellent amotribo, ou quelle soit faite avec
des amandes douces, comme l'enseigne Messues, il
faut que les violettes soient récentes et fraîches,
car les violettes qui ont perdu leur humidité rafraî-
chissent moins bien si elles ne donnent de l'inflammation.

« On croit généralement que les violettes sèches
peuvent être utilement mêlées aux remèdes qu'on
regarde comme fortifiants.

« Les feuilles de violettes prises en salade rafraî-
chissent, humectent et adoucissent le ventre.

« Appliquées en dehors elles résolvent toutes
inflammations, soit par elles, soit par la farine du
cataplasme.

« Elles peuvent s'appliquer soit pour les brûlures
d'estomac, soit pour l'inflammation des yeux, suivant un témoignage de Galénus.

« Dioscorès, les prescrit pour les sorties du fondement. Pline dit qu'en se couronnant de violettes, ou
en respirant leur parfum, on évite la migraine et les

pesanteurs de tête ; prises en infusions, elles évitent les angines.

« La corolle pourprée de la violette, prise en infusion, est un remède contre la millière pour les enfants.

« La semence de la violette fait fuir les scorpions.

« Dioscorès, dit que ce n'est pas la fleur pourpre de la violette, mais l'astérie attique qui, prise en infusion, décide la guérison de l'angine et de la millière chez les enfants.

« Il est donc permis, d'après cet auteur, de mettre en doute la propriété que Pline attribue à la violette.»

On voit par cet exposé, extrêmement intéressant, que le Dr Rembert s'était occupé très spécialement des violettes, tant au point de vue botanique qu'au point de vue médicinal ; mais il ne parle de la violette qu'en général, sans mentionner d'espèces distinctes, et sans rechercher si cette plante a des vertus différentes, en tous cas l'absence de culture est constatée dans son ouvrage. Les violettes doubles étaient seules cultivées dans les jardins. J'ai la conviction qu'il en fut longtemps ainsi : car, depuis 1566, date de l'ouvrage du Dr Rembert, jusqu'à 1690, je ne vois rien figurer dans les écrits mentionnant tant soit peu la culture des violettes ; j'ai bien trouvé quelques notes ou historiettes parlant de bouquets de violettes, mais sans description de variétés, et tout fait supposer qu'elles provenaient des bois.

Les violettes sont cultivées en 1690.

Quelques notes sur cette culture par de la Quintinye.

En 1690, de la Quintinye, directeur en chef des jardins royaux de Versailles, en parle un peu dans

ses instructions sur le jardinage ; mais, en 1730, dans
sa nouvelle édition, les détails sont plus précis. Il
nous indique la manière de les multiplier, parle des
doubles et des simples, des rouges, des bleues et des
blanches ; il nous cite aussi la violette en arbre. Sa
description est bien celle de nos jours, quoique
éloignée d'un siècle et demi ; toutefois on n'y voit
pas figurer les violettes de Parme, puisqu'il nous
décrit la violette en arbre ; s'il avait connu la violette
de Parme il n'aurait sans doute pas manqué de nous
en parler, car tout le feuillage, la fleur et le parfum
sont différents des autres. J'insiste sur ce point,
parce que j'ai cherché et cherche encore à établir
l'origine de la violette de Parme sans pouvoir y par-
venir, pas plus du reste que l'origine des trois
variétés odorantes doubles, rouges, blanches et
bleues, toutes trois très anciennes. Il y a là une
lacune qui n'est pas très facile à combler ; on n'a
trouvé aucune flore, que je sache, mentionnant des
violettes doubles à l'état sauvage ; aucune excursion
botanique n'en parle ; par contre quelques flores et
ouvrages botaniques disent : « Elles se doublent par
la culture dans les jardins. » En partant de ce prin-
cipe (que je n'admets que difficilement), comment se
ferait-il qu'elles fussent si anciennes ? qu'elles datas-
sent d'un temps où l'on ne cultivait pas de violettes
dans les jardins ? Puis la violette arborée, dont parle
de la Quintinye, qui est à fleurs si pleines et qui, à cette
époque, comme de nos jours, ne produisait jamais de
graines, d'où vient-elle ? Autant de questions irré-
solues ! On peut faire des suppositions : c'est toujours
facile, mais des preuves à l'appui, c'est autre chose,
et vouloir prouver sans être sûr, c'est mal.

Revenons au dire de quelques auteurs : « Les violettes se doublent par la culture dans le jardin. » Cette assertion me semble un peu osée, voici pourquoi ! Comme je l'ai déjà dit, quatre variétés odorantes doubles sont très anciennes, c'est-à-dire, d'origine remontant aux temps les plus reculés, et où l'on ne songeait pas à la culture des violettes. Il faut avouer que ce serait une chance que les doubles fussent nées dans ces conditions. Si l'on ne répondait : Pourquoi pas ? la réfutation est facile et établie sur les preuves sérieuses suivantes :

Je puis dire que, depuis le commencement du siècle, de père en fils nous avons suivi les évolutions de la culture florale des violettes ; nous nous en occupions plus spécialement pour les fleurs coupées, et pour cette culture on n'avait pas le choix : deux espèces seulement : la variété des bois (viola odorata) sous la dénomination de violette des quatre saisons. Or, malgré ces cultures bien soignées, qui tendaient toutes vers un même but, c'est-à-dire avoir de grandes fleurs, pas un cultivateur n'a obtenu dans ses semis l'ombre d'une duplicature. Pourtant les violettes de semis étaient nombreuses puisque, rien qu'à Bourg-la-Reine, il se forçait annuellement de 5 à 600,000 violettes de quatre-saisons ; dans les environs la culture de pleine terre se faisait par million, et toutes ces violettes étaient renouvelées par des semis. J'estime donc que des exemples de cette importance sont très probants et ne nous donnent ni pour l'un ni pour l'autre des origines certaines.

J'ai bien sous la main quelques romans du temps passé, mais écrits depuis le commencement du siècle ; la Parme étant connue à cette époque, il ne coûtait pas plus de dire violette de Parme, que viola odorata, ou toute autre variété; et, pour plus de clarté, je mets sous les yeux de mes lecteurs les quelques lignes de la Quintinye, sans ajouter ni retrancher quoi que ce soit, respectant même l'orthographe du temps.

Violettes. — « Tant les doubles que les simples et de quelques couleurs qu'elles soient, écrivait-il, quoiqu'elles fassent de la graine dans de petites coques rougeâtres, cependant, elles ne se multiplient que de rejetons qu'elles font, chaque pied venant insensiblement à faire une grosse touffe, qui se partage en plusieurs petites, lesquelles étant ensuite replantées deviennent assez grosses avec le temps pour être à leur tour séparées en plusieurs autres petites. »

On voit par ces quelques lignes que de la Quintinye, n'entendait pas la multiplication par graines, tout en assurant que les violettes portent graines dans de petites coques, cela laisse bien à entendre qu'il ne connaissait pas les Parmes, puisque les violettes dont il parle, avaient des graines, et que les Parmes n'en portent jamais (1).

Dans un autre paragraphe, de la Quintinye s'exprime ainsi :

« Les violettes et surtout les doubles servent dans nos jardins potagers à y faire de jolies bordures; leurs fleurs font un agrément singulier étant sagement placées sur la superficie des salades du printemps, elles se multiplient par la division des grosses touffes pour en faire de petites touffes. »

(1) Je dis jamais, et cependant cette espèce en porte quelquefois ; j'ai pu en récolter deux fois dans l'espace de trente ans, et encore des capsules non complètes ; cependant les graines étaient parfaites. Le fait est si rare qu'on peut dire presque jamais, sur la bleue double et sur l'arborée, jamais, nous n'en avons trouvé.

Enfin, au chapitre 53, il est explicite en disant :
« *De la violette double.* — La violette double, qu'on
cultive dans les jardins, est semblable à celle qui
vient d'elle-même dans les champs, sinon que celle-

Fig. 3. — Violette en arbre appelée aussi *Patrie.*
Variété très ancienne.

ci est simple et que celle-là est double et tantôt
blanche, tantôt rouge, tantôt violette, et de plusieurs
autres couleurs ; elle court en terre et talle, l'une
comme l'autre. Elle veut du soleil médiocrement, la
terre bonne et forte ; on l'arrose dans les temps

chauds, elle se conserve mieux dans les pots qu'en pleine terre, parce que l'hiver on peut la serrer; comme elle ne graine point, on la détalle et on en replante séparément les talles (fig. 2).

« A l'égard de la violette en pyramide, elle s'appelle aussi violette arborée; elle élève une ou plusieurs tiges qui, depuis le pied jusqu'à la cime, se chargent d'une quantité de petits boutons en forme d'une longue pyramide; ces boutons qui sont longuets et canelés, s'élargissant, sont comme autant de petites étoiles bleues, du milieu desquelles s'élève un petit filet blanchâtre; ces fleurs sentent comme le storax; cette plante doit être considérée parce que, parfois durant plus de six mois, elle est en fleur.

« Elle veut du soleil médiocrement, une bonne terre forte; il faut l'arroser abondamment, elle ne graine point, mais on la multiplie par le moyen des racines qui sont pleines de lait, on rompt celles-ci en morceaux, elles reprennent, s'élèvent, et portent des fleurs. »

Il résulte de cette dernière page claire et catégorique que, comme au temps du docteur Rembert, c'est-à-dire en 1566, on avait les violettes simples et doubles et de trois couleurs : bleu-violet, blanches et rouges, de plus, ce qui ne fait aucun doute, la violette en arbre. Màintenant sur la question des graines, de la Quintinye semble n'avoir eu sous les yeux, en fait de violette double, que la double bleue et la violette en arbre, ces deux variétés sont identiques à la Parme. Jamais au grand jamais, je ne lui ai vu de graines et elles sont tellement doubles qu'aucune capsule ne peut se former sur le calice. Il n'en est pas de même des deux variétés, double rouge et

double blanche, elles se nantissent communément
d'une grande quantité de capsules, portant graines,
Cela est dû aux fleurs semi-doubles et simples qui
croissent au déclin de la floraison sur ces deux variétés ; en semant ces graines, on obtient, comme
dans le violier, plus de simples que de doubles.

Des variétés cultivées au commencement du XVIIIe siècle ; la suite qui leur fut donnée dans le Midi.

Quoi qu'il en soit, il est bien établi qu'au commencement du XVIIIe siècle, on possédait et cultivait
dans les jardins : 1° la violette simple odorante ; 2° la
double bleue, la double rose, la double blanche, plus
la violette en arbre, qui est une double bleue aussi.
Cet état de choses devait malheureusement durer
encore très longtemps. Comme il n'y avait pas de
commerce de fleurs coupées en violette, personne ne
songeait à en améliorer la race. On plantait en bordure, pour garnir, ce que l'on avait sous la main ;
quelques personnes distillaient les violettes au printemps pour en faire de la parfumerie de ménage ; on
en faisait sécher pour les besoins médicaux ; c'est la
médecine et principalement la parfumerie qui ont
sonné le réveil cultural des violettes. Sous les règnes
fastueux de Louis XIII et de Louis XIV, le luxe
déployé fit naître le besoin de plus de parfumerie ;
vers 1750, quelques familles des côtes de Provence,
commençaient déjà à sécher les fleurs de violettes
pour les produits pharmaceutiques. On les cueillait
dans les bois, dans les haies ; puis on introduisit la
violette dans les jardins. La culture en était toute
primitive, on prenait des plants, un peu partout,

on plantait et on laissait courir tous les filets ou stolons qui se développaient et garnissaient les planches, ce qui formait de petits champs. Les années passèrent ; 1770 vit venir quelques acheteurs pour travailler sérieusement la fleur de violette.

Dès lors, l'essor est donné, les champs augmentent et dès 1780, la culture s'accroît ; la véritable parfumerie achète. Ce qui n'était qu'un petit profit, va devenir la source de beaux bénéfices et, dès le commencement du xixe siècle, la culture prend une extension considérable. Les produits sont expédiés en Orient, manufacturés et bruts, c'est-à-dire à l'état réel. C'est principalement dans le quartier Saint-Roch, plus tard à Villefranche-sur-Mer, puis dans beaucoup de communes de l'arrondissement de Grasse, que l'on s'en occupe. La culture avait lieu sous les orangers, culture tout à fait primitive et des plus simples : on faisait, comme du reste opèrent encore quelques cultivateurs arriérés, une plantation pour six, huit et dix ans ; la violette lançait des stolons ou filets, tout cela garnissait les planches, on désherbait et c'était tout. Deux races se cultivaient ; la violette odorante et la violette de Parme ; à propos de cette dernière, je dois dire que c'est à Grasse qu'elle est répandue depuis longtemps. Quelle a été son origine ? nul ne le sait. Ce qu'on peut affirmer, c'est que, dès 1755, on en parle dans ces parages ; de plus ce n'était pas la belle variété de Parme, que nous cultivons aujourd'hui, mais une violette de Parme petite et pâlotte ; mon père l'a encore cultivée dans ses jeunes années, et je me la rappelle parfaitement ; du reste, quelques vieux cultivateurs des environs de Grasse l'ont conservée ; les jeunes cultivent des sous-variétés plus belles, plus doubles (1). Toujours est-il que pendant la première moitié de notre siècle ces cultures, en tant que parfumerie, furent l'objet de travaux considérables, et avec l'oranger, une source de richesses. Les prix variaient de 3 à 12 francs le kilo, sans pédoncule. Le second empire et les chemins de fer vinrent, d'un coup, modifier l'allure de ce commerce ; l'habitude mondaine de passer l'hiver dans le Midi, créa un débouché pour cette fleur dans les villes de Provence. La réunion de Nice à la France favorisa aussi grandement sa vente ; dans les mois d'hiver la violette de Parme valut jusqu'à 40 francs le kilo, ce qui était encore modeste, relativement aux prix qui suivirent quelques années plus tard.

(1) A propos de ces sous-variétés, je dois constater des faits, quoiqu'ils impliquent presque la controverse de ce que j'avançais plus haut en disant que les Parmes ne portaient pas de graines ou presque jamais. Il est vrai que je parlais de l'époque actuelle et de nos belles Parmes sous le climat de Paris ; or, celles du Midi dont il est question maintenant étaient mal travaillées, mal soignées. A la fin de chaque saison les fleurs en étaient très petites et se simplifiaient ; dans cet état pour donner des graines il n'y a qu'un pas et je n'ai aucune objection à y croire, puisque la violette double blanche et double rose opèrent de même sous le climat de Paris ; aussi l'on pourrait ajouter foi à la création de ces belles sous-variétés, comme Parme de Toulouse, Parme ordinaire, Parme sans filets ; j'ai interrogé de vieux cultivateurs pour savoir l'origine de ces belles sous-variétés, les uns m'ont dit : elles sont venues de Grasse telles que nous les connaissons, nées spontanément ; d'autres au contraire ont prétendu que c'est par sélections des stolons qu'ils ont obtenu ces races améliorées, en tous cas il n'était pas facile de faire à ce sujet des constatations précises. Je ne suis pas étonné de l'indifférence de ces cultivateurs, ceux des environs de Paris en ont une égale à l'égard des races nouvelles. Ont-elles une valeur marchande plus grande, ils s'en occupent, constatant le fait et ne s'inquiétant ni de leur origine, ni de leur obtenteur. Enfin, soit l'état du sol, du climat pour l'obtention de graines, ou de l'amélioration des stolons par le travail, on peut très bien admettre que ces contrées furent le berceau des belles sous-variétés de Parme.

Alphonse Karr célébrait dans ses ouvrages, les louanges des fleurs du Midi ; amateur passionné des roses et des violettes, on peut dire qu'il fut le propagateur des envois de fleurs fraîches. L'impulsion étant donnée, de tous les côtés du littoral, se créèrent des jardins de fleurs ; les champs de violettes, qui étaient très prospères, furent une source de richesse immédiate pour leurs propriétaires ; les fleurs furent changées de destination. Au lieu d'aller à la parfumerie, elles furent expédiées un peu partout, ce fut une furia générale. On connut des prix impossibles, (100 francs et plus le kilo avec pédoncules, surtout, dans les hivers rigoureux, où les violettes des environs de Paris manquaient sur le marché métropolitain) ; les fabricants d'essences, les parfumeurs n'eurent plus à leur disposition que les rebuts et les fins de saisons ; aussi la culture de ces fleurs fut-elle insensée ; de Nice à Toulon il n'y avait que champs de violettes ; c'était l'apothéose de la violette du littoral, et la mort de la culture de pleine terre des environs de Paris.

J'expliquerai le pourquoi quand je parlerai de cette dernière culture.

Ces beaux jours ne pouvaient durer éternellement (1). Alphonse Karr, comme je l'ai déjà dit plus haut, M. de Solignac, après lui, créèrent et firent créer force cultures de fleurs : les roses, les œillets, les giroflées, les anémones, le réséda, etc., vinrent eux-mêmes partager la gloire de leur sœur. Les

----

(1) Il est vrai que, depuis 1855-1856 jusqu'en 1874-1875, c'était déjà un assez beau règne, d'autant plus que les variétés de violettes à ce moment n'étaient pas nombreuses ; dans le Midi, la violette de Parme en faisait le fond, puis la quatre-saisons odorante où à grands pétales améliorée et enfin la *Wilson* (ou violette de Constantinople).

goûts varièrent, les violettes durent partager avec leurs contemporaines la faveur du monde élégant; les prix s'en ressentirent et durent redevenir normaux; les colis postaux favorisant les expéditions, la culture se sectionna et descendit vers le Var. Les uns, les anciens continuèrent les vieilles variétés pour la parfumerie, tandis que les autres, spécialistes en fleurs coupées, recherchèrent déjà, vers 1875-1876, les variétés à plus belles fleurs. La *Wilson* eut longtemps leur faveur (grande violette à long pédoncule et grands pétales, mais ayant moins de parfum que les quatre-saisons odorantes).

Ses défauts étaient d'être un peu pâle au printemps, et d'avoir des pédoncules très maigres soutenant à peine la tête qui est volumineuse. Puis vint le *Czar* (vulgairement appelée « la russe ») puis une amélioration du *Czar*, qui fut nommée *Reine Victoria* (1), ou *Czar bleu* : les pétales étaient un peu plus longs que dans le *Czar*, mais la fleur était un peu plus tardive. Enfin vers 1886-1887, naquit dans mes semis, presque à l'état spontané, une violette à grandes fleurs, à longs pétales, à très haut pédoncule, en somme une magnifique variété que le hasard fit baptiser *Luxonne* (2), puis une très belle amélio-

----

(1) Ne pas confondre cette *Reine Victoria* avec *Luxonne*, qui, dans beaucoup d'endroits, était aussi appelée *Luxonne*.

(2) A propos de ce nom de Luxonne, je fus un peu plaisanté au concours général où j'avais fait une belle présentation de cette violette en 1888; les plus éminents botanistes me dirent : Où avez-vous donc pris ce nom? je répondis que j'aurais bien désiré le changer, mais que c'était malheureusement impossible, elle était trop connue dans le domaine public sous ce nom; un de mes clients de Soliès-Pont avait même obtenu une perfection de ce genre, il la nomma *Madame E. Arène*, or on fit confusion; vulgairement on disait la grande Luxonne. Ce nom de Luxonne lui fut donné sur les marchés et adopté. (Voir page 20.)

ration de cette dernière qui fut nommée par l'obtenteur *Mme E. Arène;* cette violette eut beaucoup de succès, mais le nom ne fut pas connu ; elle était, quoique beaucoup plus belle, trop dans la forme de *Luxonne,* le commerce des marchés la confondit ; seuls les amateurs ont su apprécier les avantages et la différence. Dans le même moment, quelques spécialistes des environs de Soliès-Pont ont cultivé deux de mes belles variétés à grandes fleurs : *Souvenir de Millet père,* et *Gloire de Bourg-la-Reine.* Je dois dire qu'ils n'y réussirent que médiocrement ; la première était trop délicate pendant la saison d'été et n'y croissait que difficilement ; la *Gloire de Bourg-la-Reine* y poussait parfaitement, mais ne se prêtait pas à l'exportation : car les pétales de ses fleurs, étant trop compactes, arrivaient toutes brisées. Enfin, pour terminer ce rapide exposé historique des violettes, j'arrive à une de mes variétés odorantes qui paraît être excellente, surtout pour la région du Midi. A fleurs simples, vigoureuses, très jolies, elle paraît réunir jusqu'à ce jour de bonnes conditions pour l'exportation. Je veux parler de *Princesse de Galles.* En résumé, quatre variétés pour l'exportation forment le fond des expéditions de violettes, ce sont : quatre-saisons odorante, le *Czar, Luxonne* et *Princesse de Galles.*

La parfumerie se sert toujours des anciennes variétés, qui contiennent beaucoup plus d'essence pour la distillation.

Les violettes dans la Haute-Garonne et quelques mots sur Angoulême.

Avant de quitter les violettes du Midi, je dois signaler une contrée qui alimente la place de Paris.

Depuis déjà très longtemps, on faisait dans les environs de Toulouse, surtout dans les villages de Calande et de Aucamville, la culture des violettes de Parme; cette variété, sans doute par raison locale de climat ou de sélection, y donna de très beaux résultats. Elle y croît d'une manière splendide, les feuilles atteignent de 20 à 25 centimètres, la fleur en est grosse et grande, à pétales très corsés, portée par des pédoncules qui atteignent régulièrement 20 centimètres de hauteur, ce qui la rend propre à la confection de toutes sortes de bouquets. La culture de cette variété se fait très sommairement en grandes planches qui ne sont pas même renouvelées tous les ans; le tout est laissé à l'air libre. Depuis quelques années, comme la culture a donné d'assez beaux bénéfices, beaucoup de cultivateurs abritent leurs plantations sous verre, et il s'en fait tous les ans un commerce assez important.

Vu la beauté des fleurs, l'étranger de passage à l'automne et au printemps achète avec plaisir la violette de Parme et en fait expédier un peu partout.

En présence de ces résultats la culture s'accrût énormément et l'exportation commerciale se développa rapidement.

Et si cette exportation n'est quelquefois pas très grande, cela doit être attribué aux hivers qui, parfois assez rigoureux à Toulouse, forcent à retarder l'expédition et, par ce fait, réduisent l'importance du commerce.

On y cultive aussi la violette de *Quatre-Saisons*, ainsi qu'un peu de *Czar*, mais elles n'y ont pas pris extention, et elles restent pour les besoins de l'endroit, comme culture et consommation indigène.

Enfin, je dois signaler encore une ville dont les violettes de Parme firent quelque bruit il y a une quinzaine d'années ; beaucoup de fleuristes parlaient des jolies violettes de Parme d'Angoulême, quelques catalogues les ont même annoncées en disant qu'elles atteignaient le diamètre d'une pièce de cinq francs. Désireux d'être fixé moi-même sur la véracité de ces faits, j'en fis venir et en cultivai ; je fus vite désillusionné, c'était absolument nos variétés et encore ne donnaient-elles pas de fleurs aussi jolies. Pour me fixer avec certitude, je visitai, étant de passage dans la contrée, quelques cultures de Parme ; je dois constater qu'elles y étaient très bien travaillées sous châssis et chauffées pendant l'hiver, à l'instar de nos chaufferies de Paris. Les résultats étaient absolument les mêmes ; aussi la production étant coûteuse, l'exportation n'a pu y prendre racine et la vente est restée purement locale.

La culture des violettes de Parme s'étant développée plutôt dans le midi de la France qu'aux environs de Paris, j'ai été obligé d'en suivre les pérégrinations jusqu'à nos jours, cela m'a écarté de mon sujet, et force m'est de retourner en arrière, ce dont je demande pardon à mes lecteurs.

En tous cas, ceci a établi, que bien qu'à 1.000 kilomètres l'une de l'autre, deux modes de culture se développaient, chacun suivant ses besoins et son climat, et chose à remarquer, presque au même moment, c'est-à-dire vers le milieu du XVIII° siècle.

1700 à 1750

Développement des cultures de violettes dans les environs de Paris, comment elles sont nées.

Comme je le disais précédemment, c'est vers le commencement du xviiie siècle que les violettes furent vendues commercialement, mais non cultivées. Elles étaient cueillies dans les bois environnant Paris, tels que les bois de Verrières, de Clamart, de Meudon, de Boulogne, de Vincennes, et plus loin la forêt de Bondy, les bois de Romainville, etc.

La même catégorie d'individus qui faisaient ce petit commerce il y a près de deux siècles, le continue aujourd'hui ; c'étaient et ce sont encore les chercheurs d'herbes médicinales. Chaque saison leur fournit une plante : la pervenche, la ravenelle, la menthe, la pensée sauvage, la valériane, la violette, etc.

Ces gens ne se donnent même pas la peine de les mettre en bouquets, ils les vendent en petits lots, dans des toiles de la grandeur d'un grand mouchoir, les cueillent en mélange comme ils les trouvent, des bleues, des pâles, des blanches. Beaucoup de ces lots, particulièrement à l'arrière-saison, sont vendus pour effleurer ou pour faire sécher. Les marchands des halles firent de petits bouquets de ces lots de violettes et les débitèrent dans les rues de Paris ; ce fut l'origine du commerce des violettes ; les rapports de ces chercheurs de violettes avec nos cultivateurs maraîchers des environs de Paris, qui voyaient vendre à leurs côtés ces petits bouquets de violettes

sauvages, suscita en eux l'envie d'en cultiver spécialement.

En effet, vers 1755, quelques timides planches
furent plantées dans les jardins, le pied des haies
faisait la fourniture des plants; on plantait sans

Fig. 4. — Violette *Mignonnelle*. Genre violette des prairies.

distinction de variétés, en mélange; on laissait plusieurs années sa plantation à la même place, de
sorte que les violettes en souffraient; elles étaient
petites, pâlottes, semblables à celles non cultivées.
Pourtant les vendeuses s'aperçurent que les couleurs uniformes avaient plus de vente; les violettes
foncées principalement se demandaient davantage.

1750 A 1780

Le temps passait ; trente années s'étaient écoulées pour amener cet embryon de culture et on commençait à sélecter les pâles d'avec les bleues ainsi que les blanches ; on choisit les plus hâtives, celles qui fleurissaient à l'automne et au printemps, de là le nom de violette de quatre-saisons.

Cette petite culture s'était faite avant 1780, un peu partout aux environs de Paris, à Vincennes, Charonne, Bagnolet, Saint-Cloud, Massy-Palaiseau, Fresnes-les-Rungis ; mais tous ces villages ne continuèrent pas. Seul, le village de Fresne-les-Rungis donna de l'extension à la culture qui y fut mieux soignée.

Soit hasard ou bon travail, ils obtinrent et fixèrent une bonne variété de quatre-saisons, donnant toutefois très peu à l'automne ; les plants furent renouvelés souvent et donnèrent de beaux produits.

Comment se vendaient les violettes à Paris en 1780 et les années suivantes.

Malheureusement les temps troublés de cette époque n'encourageaient pas beaucoup la culture des fleurs, la vente en était difficile ; difficile doublement parce qu'elle était faite directement par les cultivateurs, c'est-à-dire leurs femmes.

J'ai connu en 1860 une bonne vieille femme de 85 ans, encore très valide, qui nous racontait les troubles de Paris en ces années : « J'étais toute jeune fille à cette époque, nous disait-elle, et je vendais les violettes que cultivait mon père ; nous

nous placions dans les meilleurs quartiers avec un petit éventaire (sorte de panier plat avec une planche qui était fixé d'un côté à la ceinture, de l'autre une cordelette passée autour du cou le tenait horizontalement). Les bouquets faits étaient placés sur le devant et, les deux mains étant [libres, nous confectionnions les petits bouquets en marchant. On s'arrêtait principalement au coin des rues les plus passagères. Au commencement du premier Empire, ajoutait-elle, on ne voulait plus nous laisser vendre comme cela, il fallait une demande et se placer ; mais bast, on vendait tout de même et on se sauvait lorsque les agents venaient. »

Ainsi on voit, par cette petite note, que même après 1795 le commerce de violettes ne représentait pas comme aujourd'hui des millions.

Cependant la violette de Parme était cultivée dans les jardins particuliers, on en entretenait sous des châssis au pied des murs, mais personne ne songeait à en cultiver pour les marchés.

Comment avait-elle été introduite dans les maisons bourgeoises ? Nul ne peut répondre à cette question, je me rappelle parfaitement qu'à l'âge de dix ans, vers 1855, mon père questionnait un jardinier très âgé qui cultivait la violette de Parme et lui demandait quel en avait été le commencement ; la réponse fut qu'il l'avait toujours connue et qu'elle se donnait de jardinier à jardinier ; cet homme par son grand âge pouvait très bien se rappeler 1770.

Mais je dois laisser la violette de Parme pour continuer l'évolution de la violette simple, celle dont le commerce était lancé.

1795 A 1825

Les cultures se rapprochent de Paris, se généralisent. *

Je disais donc que vers 1795, le village de Fresnes-les-Rungis faisait à peu près seul le commerce des violettes ; cependant Montreuil élevait des murs pour les pêchers, et en contre-espaliers, en bordures, on plantait des violettes qui étaient vendues avec de petites jacinthes blanches. Toutefois cette culture ne s'agrandit pas, elle resta stationnaire et n'offrait pour les cultivateurs de pêchers qu'un petit supplément de bénéfice. Depuis une vingtaine d'années elle a à peu près disparu.

Au sud de Paris, ce ne fut pas la même chose : de Fresnes-les-Rungis la culture passa à Chatenay, Bourg-la-Reine et plus spécialement à Fontenay-aux-Roses ; là, tout s'y prêtait : la culture spéciale des roses laissait le terrain libre ; pour le reposer on y plantait des violettes et le reste des fleurs se confondait ; aussi de 1795 à 1825, c'est-à-dire en l'espace de 30 ans, le commerce des fleurs coupées grandit ; les violettes et les roses sont devenues des denrées commerciales.

1825 A 1835

Perfectionnement et agrandissement considérable des cultures.

Quoique la France ne fût pas en ces années-là dotée d'un gouvernement stable, on sentait dans l'air le besoin de vivre tranquille, d'aller planter ses choux, comme on dit vulgairement ; les propriétés se réorganisèrent, on eut des primeurs, des fleurs forcées. En ville les réceptions s'en ressentirent, on voulut orner les tables et les salons.

Pour suffire à ces besoins, des établissements se créent, les plantations de violettes se multiplient, s'augmentent ; puis le règne de Louis-Philippe vint en accélérer la marche ; les réceptions étant nombreuses, on eut besoin de fleurs.

En hiver, la violette eût bien rempli le but désiré ; malheureusement on était réduit à la violette de Parme, que quelques-uns chauffaient, commençaient à forcer dès l'automne ; mais elle ne pouvait suffire. De 1835 à 1836, un horticulteur-pépiniériste de Fontenay-aux-Roses, Jean Chevillon, obtenait une violette des quatre-saisons à peu près parfaite, c'est-à-dire odorante et belle comme le type parfait des bois, mais franchement remontante. On pouvait commencer à la cueillir dès Septembre, et en la mettant sous châssis ou très abritée on cueillait en hiver ; aussi fit-elle fureur. Les horticulteurs-fleuristes qui cultivaient ce genre de plante semblaient n'attendre que ce résultat ; elle fut vendue relativement très cher, les petits stolons ou filets se cotaient 1 franc pièce. Malgré ce prix et précisément pour cette raison la multiplication en fut rapide ; certains, exagérant, poussèrent le développement de ces cultures à l'extrême ; entre autres à Bourg-la-Reine, un nommé Vogt portait le nombre de ses châssis jusqu'à 1800, tant en violette de Parme qu'en *Quatre-Saisons*.

1835 a 1843

Régularisation du commerce, vente en gros des violettes.

Vers 1838 le village de Fontenay-aux-Roses, vit se couvir de violettes tous les champs qui n'étaient pas utilisés pour les rosiers.

Comme le commerce et la vente se faisaient facilement (1), plus d'attention fut donnée aux plants ; ce qui fit mettre à jour vers 1840 une autre sous-variété à plus grande fleur, sous le nom de *grosse bleue* (dite *Ravageot*); cette variété tardive, à fleurs violet foncé, ne donnait qu'une fois au printemps, et faisait suite à la quatre-saisons de pleine terre.

Le travail comme production de Parme, d'abord timide vers 1830, prit de belles proportions; sous Louis-Philippe, des maisons particulières elle passa au commerce. On ne connaissait au début qu'une variété, bleu-mauve assez pâle, puis, vers le courant des années 1835-1840, une variété sans filets un peu plus bleu foncé, très double, ne portant comme sa devancière, jamais de graine.

Cette variété était très jolie, plus compacte et plus foncée que sa congénère, elle fut bientôt dans les mains des spécialistes, et je n'ai pu encore lui attribuer une origine certaine.

(1) J'ai omis de dire que, depuis le milieu du premier Empire, le commerce des fleurs par les producteurs avait été régularisé; la vente s'en faisait en gros rue aux Fers autour du marché des Innocents, du fameux restaurant à la mode de ce temps, je nomme Baratte et Bordier; la maison Baratte y est encore, mais la rue a changé de nom. Le marché des Innocents a été désaffecté en 1855; à partir de cette date la vente des fleurs a suivi les autres produits aux Halles actuelles.

La première vue par mon père, était chez un horticulteur de Bourg-la-Reine, nommé Paré ; il l'avait trouvée par hasard dans ses autres violettes de Parme. L'ayant séparée, il l'avait multipliée et la cultivait spécialement, croyant la tenir du hasard et l'avoir obtenue chez lui. Mon père ne partageait pas cette manière de voir, d'autant plus qu'elle paraissait à différents endroits, au même moment ; M. Mascré, de Sceaux, en avait reçu de maisons bourgeoises, dans la même année ; et, depuis, cette maison l'a cultivée avec avantage pendant plus de quarante ans. Il ressort donc de tout ceci qu'en 1848, il n'était encore cultivé, dans les environs de Paris, que quatre variétés de violettes pour la fleur coupée, deux de Parme et deux de violettes bleues simples. On avait bien fait quelques tentatives de culture de violettes bleues doubles, mais elles n'avaient pas eu de succès (1).

1843 A 1859

Les cultures de violettes font rage, surtout en pleine terre.

Pendant dix années, aucune variété nouvelle ne vient faire de diversion, mais le commerce des violettes avait pris grande extension.

La République cédant la place à l'Empire, un vent de luxe inouï souffla sur la France ; il fallut des fleurs

---

(1) Cette variété très jolie pour les jardins, en bordure surtout, fleurit à profusion ; assez odorante, elle n'a jamais pu avoir la faveur de la fleur coupée ; depuis plus de 70 ans, par période, on a tenté de la lancer, toujours elle échoue car elle ne plaît pas en bouquets.

à tous prix, les bouquets de violettes connurent des prix fabuleux ; aussi les cultivateurs s'en donnèrent-ils à cœur-joie, on en fit en pleine terre, sur couches, en chauffage en serres, enfin partout, où on pouvait avoir des violettes en tout temps.

De Fontenay et Bourg-la-Reine, les plantations s'étendirent à Sceaux, Chatenay, Verrières-le-Buisson. C'est par centaines d'hectares qu'elles furent cultivées, et, chose singulière, tandis que cette plante étendait son rayonnement autour de Paris, elle quittait son berceau ; la culture en était abandonnée à Fresnes-les-Rungis, où il n'y en a plus vestige aujourd'hui.

La culture des fleurs à cette époque était des plus rémunératrices, j'ai vu de simples cultivateurs de pleine terre, dans la saison d'automne vendre 3 à 400 francs de violettes dans un jour de marché ; pourtant les prix exorbitants n'étaient pas encore atteints.

1859 à 1870

Où on voit paraître deux excellentes variétés ; les prix de vente obtenus.

J'indique ces douze années écoulées de préférence, parce qu'elles révélèrent plusieurs nouveautés et principalement deux nouveautés sensationnelles.

L'une fut importée de Turquie au château de Ségrez par M. le président de la Société nationale d'horticulture de France, M. de Lavallée ; c'était dans un de ses voyages en Turquie, que M. de Lavallée l'avait rencontrée dans les montagnes.

Toutefois, elle ne fut importée par lui que vers

1871. Or le midi de la France la possédait depuis fort longtemps, même pour ses cultures de parfumerie; j'en avais reçu du Midi pour essayer le forçage. Elle était semblable à celle que m'avait donné M. de Lavallée: c'était et c'est encore une violette à grand pétale allongé formant une grande fleur mince violet pâle, tenue par de longs pédoncules peu rigides, elle était expédiée et vendue à Paris sous le nom de *Wilson*; c'est elle qui, fécondée par la violette le *Czar*, a donné naissance à la belle violette *Luxonne*; ce fut sa mort comme commerce de fleur coupée.

L'autre fut vulgarisée par un des plus grands cultivateurs de Verrières-le-Buisson, il se mit à cultiver et à multiplier rapidement une sorte de violette des quatre-saisons, qui au début ne révélait pas l'avenir qui lui était réservé; très forte de pédoncule, des pétales plus compacts, plus grands, plus dressés, beau coloris, très bon parfum, telles étaient les qualités de cette quatre-saisons, bien plus facile à mettre en bouquet, ce qui était une grosse question de main-d'œuvre; elle détrôna immédiatement les deux *Quatre-Saisons* (1) cultivées, les champs s'en

(1) Je parle de deux *Quatre-Saisons* parce que depuis de longues années, les cultivateurs-semeurs avaient par sélection formé deux sous-variétés; les uns avaient cru bien faire en choisissant la plus pâle, qui était certainement plus hâtive dans l'hiver, mais devenait défectueuse à la fin de la saison parce qu'elle était trop pâle; les autres avaient sélecté la violette bleue, la fleur plus foncée, plus pourpre, ayant plus de vente à l'arrière-saison, mais donnant moins dans la saison d'hiver; quoi qu'il en soit, cela forma deux types bien différents et, effet singulier de la nature, le type à fleurs foncées donnait beaucoup de graines, celui à fleurs pâles presque pas. Je ne m'explique pas très bien cette singularité; cependant j'ai constaté qu'en général, plus les plantes sont hâtives, moins elles portent de graines. La *Quatre-Saisons Semprez*, qui est la perle des violettes *Quatre-Saisons*, ne porte presque jamais de graines, et si elle en porte, c'est qu'elle dégénère.

couvrirent et les jardins des forceurs en furent remplis.

Bref on ne connut plus qu'elle sur le marché parisien, ses bouquets étaient toujours vendus plus cher que ceux des autres variétés; le marché la nomma lui-même, quand on voulait en parler ou faire connaître sa plus-value, on disait simplement :

« C'est de la *Semprez* », nom du cultivateur qui l'avait lancée dans le commerce; je dis lancée avec intention, ce cultivateur ne l'avait pas obtenue de semis, il la tenait de la maison Vilmorin, qui lui en avait donné trois ou quatre variétés à essayer, sans du reste y attacher d'importance.

Celle-ci se révéla par le travail et voici comment une variété hors ligne s'était créée sans recommandation aucune, par ses seules qualités.

Depuis trente-cinq ans, elle dure, et malgré les variétés nouvelles qui font beaucoup de bruit elle ne paraît pas près d'être remplacée, surtout pour la culture forcée.

A l'occasion du forçage, je dois dire un mot en passant, de ce que valaient les violettes forcées et de pleine terre de 1860 à 1870; ces prix étaient fort variables selon la saison ; la vente des violettes se faisait et se fait encore aujourd'hui depuis septembre jusqu'à fin avril.

Pour faire ressortir les prix vendus, je dois expliquer ce qu'étaient les bouquets de la vente en gros de ce moment; en général ils étaient confectionnés le soir et même très avant dans la nuit, quand c'était la pleine saison, chez des cultivateurs où la violette était exploitée en grand. Il n'était pas rare de voir quinze à vingt personnes autour des tables à faire des bouquets.

Un mot sur la confection des bouquets : ils étaient
habituellement faits de deux poignées ramassées par
les bouqueteurs, un lien les rassemblait et les liait
puis ils passaient à une autre opération ; d'autres

Fig. 5. — Violette le *Czar*.

personnes mettaient l'une dans l'autre des feuilles,
qui étaient disposées tout autour des bouquets
afin de leur former une collerette verte, ce qui les
rendait très attrayants.

Ces bouquets, légèrement sphériques, pouvaient
avoir de 8 à 10 centimètres de diamètre et contenaient de 250 à 300 fleurs de violette suivant la gros-

seur et la beauté des fleurs. Comme tous les articles de luxe, plus les prix étaient élevés, plus le volume des bouquets diminuait.

Comme je l'ai dit les prix en étaient très variables ; dès la saison d'automne ils valaient de 0 fr. 35 à 1 fr. 25 ; dans les mois d'hiver de 1 fr. 50 à 3 francs. Aux fêtes de Noël et du Jour de l'An les prix montaient à 4 et 5 francs, suivant que les hivers étaient plus ou moins doux.

Les prix des violettes de Parme se tenaient toujours un peu plus élevés ; comme elles n'étaient pas cultivées en pleine terre il n'y avait pas de confusion : le prix variait suivant les saisons de 0 fr. 75 à 8 francs pour les mois d'hiver. Les bouquets n'étaient plus les mêmes, ils étaient, comme ils sont encore aujourd'hui, beaucoup plus apprêtés, c'est-à-dire qu'on montait une à une les violettes autour d'une poignée de paille de manière à les réunir en un bouquet plat, les fleurs toutes apparentes ; ces bouquets avaient de 12 à 16 centimètres de diamètre, accompagnés aussi d'une collerette de feuille, soutenues souvent par des pervenches ; cela faisait et fait de jolis bouquets, aussi étaient-ils fort goûtés pour les soirées et les bals. Ils laissaient sur leur passage un parfum des plus suaves.

1870 A 1880

Avalanche de nouveautés

Le Czar, Millet père, Gloire de Bourg-la-Reine.

Avec ces variétés nous approchons de 1870, on avait bien signalé de part et d'autre une violette à grosses fleurs simples ; mais nos malheurs arrêtèrent momentanément les produits horticoles et ce n'est que vers la fin de 1871, qu'on entendit parler de nouveautés de violette ; le *Czar* en fut une.

Mon père avait obtenu une violette énorme, à très grandes fleurs bleues violet tendre, à grandes feuilles, parfum délicieux, élevée, très hâtive, mais assez délicate, ayant surtout la qualité de donner en Décembre et Janvier, lorsqu'on la travaillait pour cela.

Nous passâmes des marchés avec plusieurs fleuristes de Paris, à un prix très élevé ; les bouquets en étaient montés plats comme ceux des violettes de Parme. Ce furent les premiers en violettes simples faits de ce genre et qui lancèrent cette méthode particulière pour les violettes de châssis. Cette variété fut le point de départ des variétés à grandes fleurs, pourtant elle n'eut pas la priorité commerciale par le fait que nous ne l'avons livrée qu'en 1876, au domaine public. Pendant cet intervalle, la violette le *Czar* faisait son apparition ; elle fut obtenue par Thomas S'ware, d'Angleterre, et introduite en France par Lemoine de Nancy. Yvon de Paris la tenait des deux, il en présenta à diverses sociétés quelques plants, notamment à Paris.

Son entrée dans le monde des fleurs coupées fut des plus pénibles, quoique ce fût une plante de qualité. D'abord très rustique, même en pleine terre, très beau feuillage vert sombre, soutenu par des pédoncules rustiques ; ses fleurs demi-grandes, à pétales allongés, épais, corsés, formaient une fleur compacte, d'un violet foncé, son parfum est très doux, le pédoncule a de 15 à 20 centimètres ; enfin, toutes ces qualités en faisaient à ce moment un genre non pas parfait, mais de grande valeur.

Quelques amateurs l'achètent, nous la cultivons en grand pour le marché de Paris; mais, là comme dans beaucoup de choses nouvelles, nous nous heurtons à la routine; on ne voulait, pas de ces jolies violettes, elles étaient trop grosses, les tiges cassaient en les travaillant, bref il fallut plus de quatre années de persévérance pour la faire admettre définitivement dans le commerce de la fleur coupée.

Comme plante nouvelle, dans les jardins, il n'en fut pas de même; on avait vite reconnu qu'elle était rustique, constituant de fort jolies bordures, et fournissant de belles fleurs au printemps. Dans la culture hivernale, elle prit le deuxième rang après la violette *Semprez;* son défaut était de ne pas être florifère dans les mois d'hiver, et ce qu'il y a d'étrange, malgré les catalogues qui la nomment par son nom, c'est-à-dire le *Czar*, les marchés la baptisent tout simplement la Russe, nom sous lequel elle est le plus connue.

Dans ces mêmes années souffle comme un besoin de nouveautés, tous les travailleurs cherchent; on remet à flot une vieille Parme très jolie, à fleurs très bleu foncé, avec un petit pétale sanguin au milieu, elle était connue sous le nom de *Marguerite de Savoie* ou *Marie-Louise*. C'est ce dernier nom qui a prévalu; son origine n'est rien moins que certaine. De vieux jardiniers m'ont dit qu'elle datait du premier Empire et qu'elle avait été obtenue à la Malmaison; je veux bien y croire, en tous cas, aucun ouvrage du temps n'en parle. Il faut voir des ouvrages de 1821, pour entendre parler des premières Parme; quoi qu'il en soit, c'est une belle variété qui vient succéder aux premières, surtout dans le printemps quand elles deviennent pâles. Elle conserve un beau

bleu foncé et fait des bouquets splendides ; toutefois
elle ne parvient pas à se placer comme violette de
commerce (1) ; sa floraison d'hiver n'étant pas assez
active, c'est plutôt une plante d'automne et de printemps. Elle est restée une plante d'amateur, puis, ce
qui lui fit une sérieuse concurrence, c'est que,
presque tous les cultivateurs de violettes de Parme,
aussi bien sous la zone de Paris que dans le Midi,
sélectaient leurs plants, de sorte qu'on classait toujours les plus foncées, les plus compactes, les plus
grandes. Cela fait, aidé d'un travail bien compris,
on forma une sous-variété qui n'avait plus rien de
commun avec la vieille Parme ancienne.

L'exemple était tellement probant, que, quand je
retrouvais des violettes de Parme dans de vieilles
maisons bourgeoises, c'était à croire à deux variétés
bien distinctes. Cette amélioration n'a pas changé
son nom ; cependant du Midi, elle vient sous le nom
de Parme de Toulouse, mais après deux ou trois ans
de culture parisienne, on ne les distingue plus.

L'idée des violettes nouvelles marchait à pas de
géant ; nous obtenons une violette simple, à fleurs
rose bleu, très hâtive, très florifère dans la saison
d'hiver, c'est en même temps un genre original et
une violette très généreuse. Cependant, elle ne plut
pas dans le genre violette, car toute variété qui
s'écarte de cette couleur a du mal à faire son chemin ; elle fut nommée le *Lilas*, et continue d'être
cultivée comme collection.

Sous le nom de *Belle de Chatenay*, M. Paillet mit

(1) Une des conséquences de sa non-admission générale
comme fleur coupée, c'est qu'elle est au milieu de sa fleur, tachée
d'un petit pétale rouge sanguin, qui, sans toutefois déparer le bouquet le rend très original, et ne plait pas à tout le monde.

au commerce une variété à fleurs doubles, très grande, légèrement teintée bleue, mais très tardive, en somme, une violette de printemps ne se tenant pas ferme sur ses pédoncules. Elle n'eut qu'un succès relatif ; la couleur de ses fleurs est variable ; par les temps froids, le blanc de ses pétales est verdâtre, tandis que le bleu n'en est pas bien prononcé. Quand il fait chaud, ses couleurs sont plus nettes, et le mélange du blanc et du bleu n'est pas déplaisant, en somme, c'est une bonne plante d'amateur.

Toujours dans la même année nous arrive d'outre-Manche une variété à fleur blanche sous le nom de *Czar blanc*, variété très généreuse à fleur blanc pur, feuillage très allongé, vert blanc mat ; son défaut est le manque de compacité des fleurs, les pétales sont maigres et peu robustes. Elle donne aussi beaucoup trop de coulant qui, dans diverses occasions, fatiguent la plante mère.

J'ai, depuis bientôt vingt ans, semé et ressemé cette plante sans pouvoir l'obtenir plus corsée ; en pleine terre, elle souffre dans les grands hivers. En semis elle se multiplie facilement et est très floribonde.

1875 voit mettre au commerce *Brune de Bourg-la-Reine*, une des plus jolies violettes. En bouquets et à la lumière, sa couleur prend diverses teintes variables qui sont ravissantes ; obtenue du *Czar* et du *Lilas*, elle a la tenue du *Czar*, les pétales sont toutefois un peu plus allongés, le pédoncule est haut, ferme, et tient sa fleur droite très parfumée. De couleur bleu pourpré en bouquets, elle forme des reflets métalliques du plus bel effet ; sa floraison principale est au printemps, toutefois elle fleurit assez à la saison d'automne ; son feuillage est très érigé, vert tendre, allongé, se tenant très bien.

En cette même année de 1875, j'obtenais dans les semis faits de graines de *Czar*, une sous-variété à pétales tout à fait arrondis, très corsés avec coloris plus foncé que le *Czar* ; le parfum est tout aussi prononcé mais plus délicat, son feuillage est plus ramifié, ses pédoncules, feuilles et fleurs beaucoup plus forts, plus érigés. Plante de deux saisons, elle fleurit de bonne heure à l'automne et tard au printemps ; je la nommai *Czar bleu*, ou *Reine Victoria* ; ce deuxième nom lui fut donné l'année suivante, par le fait qu'elle avait paru en divers lieux en même temps et sous le nom de *Reine Victoria* (1). Pour ne pas créer de confusion, je lui ai laissé les deux noms connus : c'était bien exactement la même plante.

Enfin, en 1879, j'ai le bonheur d'obtenir une violette à fleurs énormes atteignant presque le diamètre des grandes pensées.

Cette nouveauté, qui devait être l'aïeule de nos jolies fleurs d'aujourd'hui, était superbe, à pétales larges, corsés, arrondis, s'ouvrant très bien, formant une fleur large, bleue, légèrement violacée, d'une odeur fine et douce. Les pédoncules étaient érigés de 15 à 20 centimètres, avec feuillage énorme ayant 6 à 9 centimètres de diamètre, bien vert foncé, fortement denté, se tenant très droit.

Toutes ces qualités réunies en faisaient une plante de premier ordre ; très rustique elle résiste aussi bien que les quatre-saison, à nos hivers rigoureux, elle fut nommée : *Gloire de Bourg-la-Reine*. Se force

---

(1) Elle avait été dédiée dans le Midi à la reine Victoria, qui y séjourne annuellement.

très bien, comme beaucoup de ses devancières, elle
est plutôt de deux saisons automne et printemps
qu'une violette d'hiver.

Par un effet bizarre des semis, dans un seul pied

Fig. 6. — Violette *Gloire de Bourg-la-Reine.*
L'ainée des grandes violettes.

de celle-ci à son obtention, enchevétrées l'une dans
l'autre, j'obtiens encore une jolie variété surtout
comme décoration ; je veux parler de la jolie petite
variété *Armandine-Millet*, à feuilles marginées vert
et blanc d'ivoire bordurant ses feuilles.

D'un beau rose à l'automne, cette variété très

quatre-saisons est aussi rustique que pas une ; elle est jolie partout et en toutes saisons, en bordure, en mosaïque, même en pelouse ; selon qu'elle est abritée, elle donne une belle floraison pendant toute la saison d'hiver.

C'est une des plantes rares, qui, ayant un feuillage panaché vert et blanc, donne des fleurs bleues.

DERNIÈRE PÉRIODE 1880 A 1896

Émission de nouveautés admirables.

Ces quinze dernières années, sans nous donner une quantité de variétés, nous apportent de bien jolies choses.

Je laisse à dessein les variétés quoique belles, mais ne présentant pas un caractère particulier.

Vers 1881, M. Paillet met au commerce, *Viola-odorata-rubra.*

Magnifique petite variété à fleurs rouge vif, souvent beau rose vif, surtout parmi les semis, son port et son feuillage rappellent notre type primitif des violettes, quoique le feuillage soit plus sombre et plus aplati. Son parfum est exquis, son seul défaut est de ne pas fleurir à l'automne ou très peu ; mais, au printemps, elle se dédommage en faisant des tapis rouge grenat d'une merveilleuse beauté ; elle fait aussi des sous-bois très recherchés.

Vers 1883, la violette *Wilson,* fécondée par la violette le *Czar* dans le midi de la France, donne le jour à une fort jolie violette. Comme elle naît dans plusieurs endroits à la fois où on faisait la culture des deux violettes, elle n'a pas d'obtenteur particulier ; elle fut baptisée par le hasard des Halles centrales.

On l'expédiait sous le nom de grosse *Wilson*, de *Wilson* extra; mais des personnes que le nom de *Wilson* agaçait, dirent *Luchon*, puis *Luxonne*. S'étant développée rapidement et bien distinctement, le nom de *Luxonne* prévalut et fut définitivement fixé; c'était et c'est encore une des plus grandes fleurs à pétales très allongés et un peu minces, elle forme de jolis bouquets; elle est très florifère dans l'automne et le printemps. C'était une belle obtention pour le Midi, car pour Paris, la culture sous châssis l'étiole trop, la fleur et ses pédoncules s'amincissent (1) et ne rendent pas les services qu'on était en droit d'attendre d'elle. Quoique odoriférante, elle manque un peu de parfum.

Quelques sous-variétés perfectionnées naquirent de ses semis, mais c'était toujours le même type de fleurs.

J'ai dit ailleurs que, sous le climat de Paris surtout, les graines de violettes de Parme étaient fort rares, ceci est de la plus rigoureuse exactitude, c'est en quelque sorte un phénomène.

Ce phénomène s'est produit pourtant en ma faveur; un de mes amis grand cultivateur de violettes de Parme pour la fleur coupée, sélectait les violettes de Parme pour en obtenir une belle floraison; il faisait ceci avec frénésie, partout où il trouvait des violettes de Parme, surtout où il les trouvait à l'état abandonné, presque à l'état sauvage, vierges de toute culture forcée; plus elles semblaient éloignées des cultures soignées, mieux elles lui plaisaient. Aussi

(1) Il en est de même de toutes les violettes à grande fleur; pour les avoir très belles en hiver et sous le climat de Paris, il faudrait les tenir sous châssis à froid, et n'en mettre que très peu de belles touffes par châssis.

fut-il récompensé de ses travaux, et il ne tarda pas à se faire une réputation très appréciée sur le marché aux fleurs coupées.

Mais dans le sujet qui nous occupe, le fait le plus inexplicable se produisit : c'est que dans la variété sélectée, doublée, agrandie de fleurs, il obtint quelques capsules de graines.

Je l'engageai à faire constater le fait par la Société d'Horticulture de Paris, et c'est ce qu'il fit.

Sur ces entrefaites je lui achetai de ses beaux plants et comme je savais qu'il avait récolté quelques graines, une attention soutenue nous en fit découvrir quatre capsules sur plus de 50.000 plantes ; c'était peu, assurément, ce fut assez pour obtenir une variété très jolie à fleurs roses.

Cette Parme dédiée à Mme Millet, était pour moi une riche obtention, c'était un point de départ pour les coloris de Parme, puisque auparavant il n'en existait qu'un.

Rose vif, un peu mauve, à fleurs toujours très doubles et très pleines, à nombreux pétales formant de petites roses à son complet épanouissement, de même parfum que la Parme, mais un peu plus accentué, florifère à l'excès depuis septembre jusqu'en mai, porte des fleurs très érigées ; le feuillage est de même forme et de même composition que la Parme ordinaire, un peu plus brillant et verni mais un peu moins grand ; de culture en tous points conforme à la Parme.

1884 à 1886, voit naître l'inépuisable issue de la violette le *Czar* avec la violette *Semprez*. A pétales très longs, très parfumée, elle fleurit à l'excès depuis septembre jusqu'en avril, mais un peu violet pâli par le soleil.

Puis vient *Bleue de Fontenay*, belle petite variété de printemps très généreuse, violet noir, feuillage brun.

Elle est obtenue par un cultivateur de Fontenay

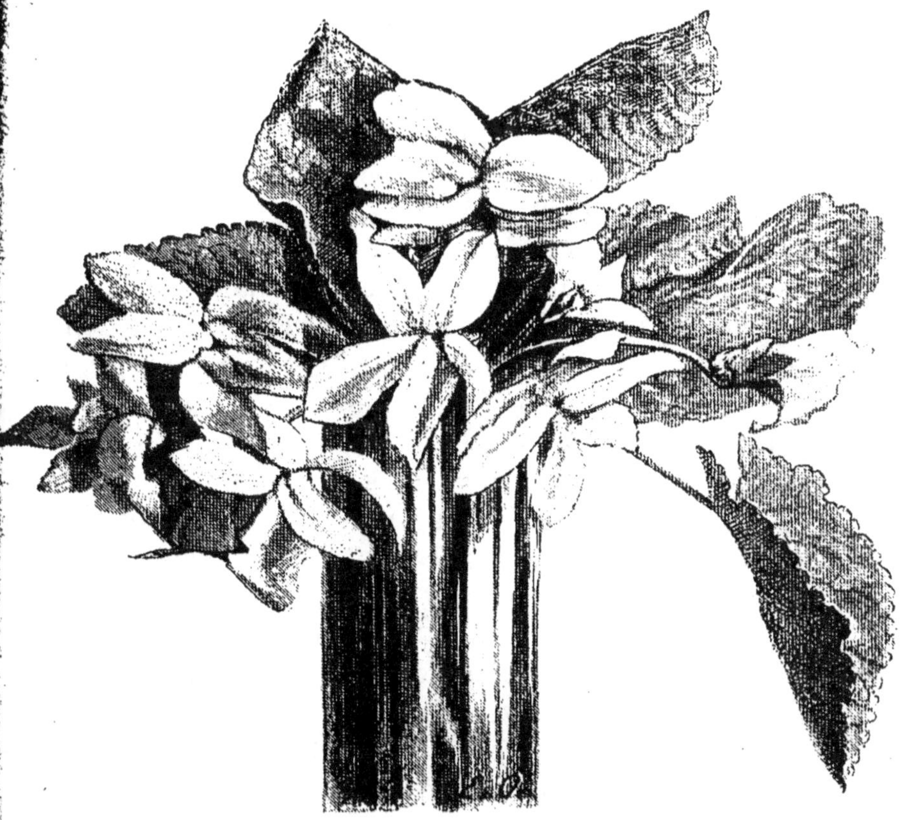

Fig. 7. — Violette *l'Inépuisable*.

dans des semis réitérés de *Quatre-Saisons bleue*.

Cette variété fait très bien en bordure parce qu'elle n'émet que très peu de filets ; sa fleur, quoique ne luttant pas avec nos grandes violettes, se prête admirablement à la confection des bouquets sans apprêt.

Vers la fin de l'année 1886, je reçois d'Angleterre, une violette de Parme blanche sous le nom de *Wanley-Vhite*, d'autre part on l'annonce d'Amérique sous le nom de *Brazza- Wihite* ; à Bayonne on la possède sous ce nom. Ayant rassemblé et acheté toutes ces différentes violettes, j'ai acquis la certitude que c'était bien une seule et unique plante, je regrette seulement de ne pouvoir nommer le véritable obtenteur.

Cette violette, lors de son apparition fit grand bruit parmi les amateurs de violettes. Nous avions déjà la rose, nous avons maintenant la blanche ; on essaie d'obtenir un semis de couleur distincte, malheureusement toujours le manque de graines nous tient en arrière. Quoi qu'il en soit, cette variété est jolie.

Quand elle croît bien, dans toute sa vigueur, ses fleurs ressemblent à de petits gardenias ; très florifères comme toutes les Parmes, mais un peu moins généreuse en décembre et janvier, son feuillage est beau et grand, peut-être le plus grand de cette race, et ne le cède en rien à aucune autre variété comme vigueur et développement. Elle a un peu moins de parfum que ses congénères et un petit défaut, c'est que ses pétales, dans les beaux jours bien éclairés du printemps, prennent un petit teint bleuâtre, qui rappelle à n'en pas douter ses ancêtres.

Depuis quelques années elle est entrée dans le domaine de la fleur coupée, encore plutôt pour l'étranger que pour Paris, qui, fidèle à ses vieilles coutumes, n'aime que la couleur violette.

Cependant quelques horticulteurs la cultivent en assez grande quantité : mais dans le but d'en faire des potées pour les vendre au printemps ; encore lui reproche-t-on, de ne pas bien se porter, elle est molle et se tient dans son feuillage.

Je disais tout à l'heure que ses pétales se teignaient sur les extrémités d'une couleur bleuâtre, celle de la Parme ordinaire; je crois, et c'est ma conviction personnelle, que cela tient à son obtention.

On m'a rapporté qu'elle avait été obtenue de semis; pour moi je n'y crois pas, et voici sur quoi je me base : depuis la première année que je cultive cette plante, presque tous les ans sans exception j'ai toujours obtenu un pied ou deux, même plus, armés de trois ou quatre cœurs assez éloignés de la souche centrale, et sur quatre cœurs, deux étaient à fleurs blanches comme la variété elle-même et les deux autres étaient à fleurs de Parme ordinaire; or j'ai toujours ouï dire et constaté que les plantes, obtenues par exception, donnaient souvent des exemples de retours à la plante créatrice, et, comme elle donnait souvent de ces cas insolites, j'en ai conclu qu'elle était aussi le résultat d'une anomalie (1).

J'oubliais de dire que cette variété par sa couleur blanche se prête assez bien au forçage.

Voici venir 1887-1888, la maison Forgeot émet une violette quatre-saisons très foncée de fleurs, du type primitif, mais se distinguant par une anomalie bizarre : tous les ans au printemps, lors de la mon-

---

(1) Le fait m'avait paru si étrange que j'ai porté quelques pieds à la Société d'horticulture, pour le faire constater, car cette remarque me paraissait un cas rare pour les violettes jamais je n'en avais vu de pareil dans les violettes ordinaires, blanches doubles, et bleues doubles, et doubles roses, cultivées depuis des siècles.

tée de la sève, toutes les nervures du feuillage se dorent fortement et en font une panachure aussi singulière que jolie ; ce tigré des feuillages dure en-

Fig. 8. — Violette de Parme blanche : *Comte de Brazza* ou *Swanley White*.

viron trois mois. Passé ce temps, l'effet n'est plus aussi joli ; sa floraison, surtout celle du printemps, est des plus belles ; ses fleurs moyennes, d'un violet foncé fleurissent à profusion, et font très bon effet en bordure et en mosaïque.

Où il est question de l'influence de la résine sur la coloration des feuilles.

A propos de feuilles panachées, je dois citer ici en passant, une petite aventure qui m'arriva il y a quelques années.

Je visitais une propriété bourgeoise à Epinay, et, lorsque j'arrivai dans le parc immense qui en faisait partie, je fus très frappé par un énorme tapis de violettes inodores, dont le feuillage du plus beau jaune d'or à nervures vertes était ravissant.

Vous pensez, chers lecteurs, si moi, grand amateur de violettes, j'étais heureux ; voici, me dis-je, une variété qui, quoique sans parfum, va enrichir ma collection et sera parfaite pour faire des bordures sous bois et ailleurs. Aussi, ne perdant pas de temps, je demandai l'autorisation d'en extraire quelques pieds pour la reproduire rapidement, ce qui fut fait avec grande précaution.

Mais, hélas ! quel ne fut pas mon désenchantement, lorsqu'après l'avoir fait planter avec soin dans de bonne terre franche, je la vis pousser toute verte, et se tenir ainsi toute l'année. Je la reconnus alors pour une variété que j'avais rencontrée fort souvent dans les bois, surtout dans les endroits montagneux, et je m'expliquai en même temps le phénomène de la dorure des feuilles ; cela me rappelait que les sous-bois où je l'avais prise n'étaient composés que de sapins, qui, à chaque saison, renouvelaient leurs feuilles et en laissaient tomber une bonne partie sur le sol, constituant par ce fait un paillage formidable composé presque exclusivement à base de résine, d'où la décomposition du feuillage des violettes.

Je suis heureux de pouvoir dire aussi que le fait que j'avance a été constaté par une de nos sommités horticoles.

M. Maxime Cornu, directeur des serres et jardins du Muséum de Paris, me dit un jour à brûle-pourpoint : « Monsieur Millet, j'ai cru vous avoir trouvé, il y a quelque temps, une belle variété de violettes à feuiles panachées très jaune d'or, mais je vous dirai que j'ai été désabusé aussitôt. Comme nous avions pris ces violettes sous de grands sapins et qu'elles furent replantées en terre ordinaire à leur grand détriment, elles redevinrent vertes. J'en ai conclu que seule, la résine était en cause pour la coloration ou mieux la décoloration du feuillage. »

Ainsi, pas de doute, le cas observé par moi, était confirmé deux ans plus tard par M. Cornu, sans avoir pourtant constaté que cela eût nui à la végétation des plantes. N'y aurait-il pas là un enseignement pour la coloration des feuillages?

Cet exemple m'écarte de mon sujet. Revenant en 1889, je dois citer en passant quoique ce soit simplement une amélioration du *Czar bleu* ou *Reine-Victoria*, une variété introduite par Bruant de Poitiers sous le nom de « *Welsiana* »; c'est, avec *Gloire de Bourg-la-Reine*, une des variétés les plus corsées, des plus épaisses de composition.

A pétales ronds bien dessinés, beau violet foncé, à reflets métalliques, soutenue par des pédoncules bruns rigides, elle forme une fleur de très belle tenue pour la confection des bouquets ou pour la mise en pots pour marchés. Pas très florifère dans les mois d'hiver, elle a l'avantage de donner une belle floraison de primeur à l'automne et une seconde dans toute sa splendeur au printemps.

Quelques notes sur « Princesse de Galles ».

En me rapprochant de l'année où j'écris ces notes,
j'arrive en 1891, année qui donna naissance à cette

Fig. 9. — Violette *Princesse de Galles.*

belle variété, « *Princesse de Galles* » qui fait fureur
aujourd'hui et dont l'origine reste inconnue pour
beaucoup de personnes ; en effet, elle est née chez
plusieurs personnes à la fois dans la région du Midi ;
je dis née, je devrais dire : s'est montrée.

Elle était née à Bourg-la-Reine en 1889, en

février 1891 j'en exposai quelques potées au concours général, où elle fut trouvée admirable.

Notre explorateur bien connu, M. Dybowski, alors organisateur de la section horticole, m'en demanda un pot; quoique peu riche de cette variété, je n'osai lui refuser, il me fit même remarquer à cette occasion que je devrais la nommer. Je lui répondis que j'en avais très peu et que je ne l'avais pas encore assez étudiée, et que j'avais tout le temps voulu pour cela.

Mal m'en prit : car j'en perdis la paternité, et voici comment : en ce printemps de 1891 ma violette, *Gloire de Bourg-la-Reine*, était en grande vogue dans le Midi. De tous côtés j'avais des demandes nombreuses et ne pouvais les satisfaire; comme j'avais une grande quantité de cette variété en semis, je les envoyai comme *Gloire de Bourg-la-Reine;* or, c'est dans ces mêmes semis que se révélait la variété *Princesse de Galles* à Hyères, à Nice, à Saint-Raphaël, enfin sur tout le littoral. Beaucoup la confondirent avec *Gloire de Bourg-la-Reine*, quelques cultivateurs s'obstinant à l'appeler de ce nom; pourtant ce n'est pas la même : les pétales se développent plus amplement, la tige en est un peu moins rigide et le violet-bleu est un peu plus foncé.

L'année 1892 vit se multiplier les quelques pieds possédés par chacun et par moi-même; enfin en 1893 je portai à la séance de la Société d'horticulture du 23 février, une collection de violettes et parmi elles trois nouveautés dont *Princesse de Galles*, sous le N° 1. J'étais décidé à cette même séance à nommer deux de ces variétés, l'une, le N° 1, dédié à ma fille; le N° 2, à l'explorateur Dybowski, lorsqu'au cours de la séance, des amis me firent connaître qu'à la séance précédente, en date du 9 février, un fleuriste de Hyre (Var), M. Louis Achard, avait présenté une violette absolument semblable à la mienne. Ce fut une déception, quoique minime ; je renonçai pour l'instant à la nomination de mes semis, car je n'avais plus qu'une chose à faire : c'était de savoir si la variété de M. Achard était bien la même que la mienne et si elle était connue quelque peu. A cet effet, j'en fis venir quelques pieds ; c'était exactement la même plante. Que faire ? j'écrivis à quelques-uns de mes clients qui me répondirent qu'elle faisait son chemin sous le nom de *Princesse de Galles*, que d'autres l'appelaient *Gloire améliorée*, bref, il s'était créé une confusion en la surnommant moi-même ; j'avais fait une faute en ne la nommant pas de suite, je n'avais qu'à m'incliner devant le fait acquis.

Je n'ai précisé le fait que pour bien établir qu'elle était née à Bourg-la-Reine, bien avant que l'on ait songé à cette variété ailleurs.

Quoi qu'il en soit, c'est une de nos jolies variétés ; elle est sinon la plus grande, du moins une des grandes (*Luxonne* atteint son développement, mais le peu de consistance de ses pétales fait qu'elle ne peut rivaliser en bouquet).

Ses pétales arrondis, ses fleurs bien ouvertes et son violet bleu velouté en font une belle fleur de belle tenue ; ses pédoncules sont assez robustes et atteignent plus de vingt centimètres de long, ce qui permet la confection de bouquets de toutes sortes.

Très généreuse, elle se force assez bien en hiver ; toutefois elle ne doit pas être trop serrée sous les châssis, car elle perd alors toute sa beauté et redevient des plus petites. Cette saison d'hiver 1895-96, n'a pas été heureuse pour *Princesse de Galles*, toutes ses fleurs se sont produites très pâles.

L'année 1893 était féconde en violettes nouvelles, ce qui est fort rare dans cette race de plantes.

Je mis au commerce une variété à grande fleur sous le nom de *Dybowski*.

Cette variété véritablement violette à reflets métalliques est superbe en bouquets ; les pétales ronds et corsés de la fleur, puis les tiges rigides s'y prêtent naturellement. Son feuillage et sa fleur se tiennent droits montés sur des pédoncules de dix-huit à vingt-cinq centimètres ; la confection des vases et bouquets en est des plus faciles, et le parfum en est très prononcé et des plus doux.

La fleur vue sur tige ne représente pas tant que *Luxonne* ou *Princesse de Galles*, mais en bouquets elle les dépasse.

L'automne compléta le trio de ces belles variétés par la variété *Amiral Avellan*, que mit au commerce Léonard Lille de Lyon.

Cette violette est très remarquable par son nouveau coloris violet pourpre à reflets bleus dans les fleurs mises en bouquets (1). Le soir à la lumière, elle est couleur feu, le bouquet semble s'illuminer ; en somme effet étrange et beau, odeur suave des plus agréables, ce qui ne fait qu'augmenter le charme de cette fleur.

D'aspect, c'est une plante dans le genre *Czar*, comme force et comme tenue ; cependant le feuillage en est un peu plus grand et plus sombre, tenu par de forts pédoncules. Les feuilles et les fleurs sont

---

(1) Je parle des gros bouquets montés plats comme on les livre pour les soirées.

toujours bien érigées, les pétales sont assez corsés, de coupe ronde, ce qui fait très bien en bouquets ; c'est une variété plutôt de printemps que d'automne.

Je crois avoir dit précédemment que les variétés qui s'écartaient du violet étaient impitoyablement rejetées du marché parisien ; je crois qu'il n'en sera pas de même de celle-ci.

Le peu de bouquets que j'en pouvais faire étaient retenus à l'avance et à bon prix ; je souhaite que cela continue pour braver un peu la routine. Quoi qu'il en soit, ces trois variétés sont fort intéressantes et par leurs fleurs et par leurs feuilles (1).

Au moment où je termine la biographie de ces quelques belles variétés, la maison Molin de Lyon annonce encore deux variétés à grandes fleurs. N'ayant pu jusqu'alors étudier ces deux variétés, je ne les signalerai pas longuement, et le peu de fleurs que j'ai obtenues cet hiver 95-96 me les a fait classer dans les ordinaires.

L'une, *Princesse Béatrice*, est à fleurs moyennes, petites, rondes. Genre *Welsianne*, mais plus hâtive et assez jolie ; violet foncé, n'émettant pas beaucoup de coulant.

L'autre, *Comtesse Edmond du Tertre*, est aussi à fleur moyenne, à pétales très allongés, beaucoup plus clairs ; c'est en somme une répétition de notre belle *Luxonne*, dont elle a même le défaut, celui d'émettre trop de coulants.

En résumé, ce sont deux bonnes variétés venues au monde trop tard.

Tenant à signaler toutes les variétés connues il

___

(1) Parlant des feuilles, je viens de mesurer des feuilles de *Gloire de Bourg-la-Reine* et de *Princesse de Galle*, qui ont de douze à quatorze centimètres de diamètre.

faut que je note anssi une variété à fleur blanche qui m'arrive d'Italie sous le nom de *Princesse de Sumonte*, à fleur blanche légèrement lilacée ; la forme en serait parfaite, très odorante et elle se prêterait très bien au forçage.

La note qui accompagne cette nouvelle variété est très élogieuse, puisse l'avenir la justifier !

Il en est de même d'une variété toute nouvelle que je viens de nommer et d'exposer pour la première fois : cette variété, du nom de *La France*, est jusqu'à présent la plus grande par ses fleurs. Les belles atteignent et dépassent toujours le diamètre d'une pièce de 5 francs en argent.

Issue de *Gloire de Bourg-la-Reine*, elle est sœur de *Princesse de Galles*, dont elle a un peu la forme ; grands pétales arrondis, gorge bien ouverte, calice à éperon inconstant, bien prononcé, pointu dans certaines fleurs et presque nul dans d'autres ; les pédoncules sont fort rigides, d'un vert brun et présentant bien leur fleur, enfin elle a un parfum des plus doux.

Où elle diffère surtout de *Princesse de Galles*, c'est dans le feuillage qui ne s'élève pas tant. Plus trapu, il laisse passer d'avantage les fleurs au-dessus de lui ; sa floribondité est aussi plus excessive ; il n'est pas rare de voir des plantes rustiques posséder 8 ou 9 boutons par chaque cœur ; son coloris la distingue également de sa grande sœur, bleu violet foncé à reflets ; elle est d'un effet magnifique.

C'est un des plus beaux gains obtenus jusqu'à ce jour.

Persévérera-t-elle avec toutes ces qualités ? je l'espère ; d'ores et déjà elle a fait l'admiration de tous les amateurs au Concours général de Paris cette année.

Fig. 10. — Violette *La France*, gràndeur natùrelle.

Biographie des violettes cuculata.

Avant de terminer la description des violettes, je dois dire un dernier mot de quatre variétés qui, quoique non odorantes, se sont fait une petite place au soleil.

Je veux parler des quatre variétés de *cuculata*, ou vivaces tubéreuses, une variété est surtout très ancienne en France.

Dans les environs de Paris, on la cultive depuis plus de trente années, et les cultivateurs l'appellent « violette à chien », c'est la *viola cuculata striata*.

Quoique les cultivateurs l'appellent volontiers « violette à chien », elle n'a rien de commun avec la *viola canina* des botanistes.

En effet, dès qu'elle pousse un peu, tous les pétales sont striés de blanc, et, comme sa floraison est toute printanière c'est-à-dire bien après les dernières odorantes, elle trouve preneur tout de même ; son feuillage est abondant et superbe, vert tendre, en forme de cœur très denté.

Il en est cultivé quelques vingtaines d'hectares dans les environs de Paris.

La deuxieme variété est bien plus grande de fleur ; quoique ancienne, les cultivateurs des champs ne la connaissent pas encore. Sans cela ils abandonneraient la première, d'autant plus que celle-ci est bien plus jolie. Les fleurs en sont unicolores bleu foncé, larges, bien ouvertes, aussi grandes que *Princesse de Galles*, et forment de jolis bouquets ; elle donne à profusion de belles et grandes violettes avec des pédoncules de 20 à 25 centimètres de longueur ; ces deux variétés sont excellentes pour bordure.

La troisième variété du genre est *Cuculata alba*, variété à fleurs blanches, comme l'indique son nom. Cette variété bizarre a été mise au commerce par M. Dugourd de Fontainebleau.

Cette variété, quoique très jolie, laisse à désirer comme le *Czar blanc* dans les odorantes, ses fleurs sont minces et se passent vite; cependant elle fait un très bel effet, car elle est généreuse à l'excès ; son feuillage est aussi un peu plus petit que ses deux contemporaines, mais par contre elle est bien plus généreuse pour la production des graines. Chose remarquable, depuis que je possède cette variété à fleurs blanches, la variété *Cuculata grandiflora*, qui n'en portait jamais, en produit quelques-unes maintenant ; ces trois variétés sont acaules, n'émettent aucun filet, aucune tige, elles perdent leurs feuilles tous les hivers. A chaque printemps, nouvelle émission de feuilles qui sortent des racines, qui sont plutôt ligneuses que tubéreuses ; en somme c'est bien là une race particulière.

Quelques-unes des fleurs ont des éperons très prononcés, d'autres beaucoup moins.

Les capsules sont allongées à trois cellules et trois valves qui rejettent les graines à la maturité.

Ces trois variétés paraissent originaires de l'Amérique du Nord, où elles croissent spontanément.

Enfin une quatrième et dernière variété vient d'être introduite en Europe par la maison Forgeot et Cie ; je veux parler d'une violette à fleurs jaunes (*Viola Pubescens*). Cette variété à tiges (caulescentes) est originaire de l'Amérique du Nord, et, quoique ses feuilles soient bien de même forme et de même composition que les trois dernières décrites ci-dessus, elle semble former une variété à part. Ses racines ne sont pas si ligneuses, elles ne forment pas de souches et ses tiges qui portent les fleurs, se couchent et s'érigent suivant qu'elles sont longues ou courtes. Quant à la fleur, elle est d'un beau jaune-serin foncé, mais très petite, sur de petits pédoncules. Elle n'est pas facile à cueillir et peut être considérée comme nulle pour la fleur coupée ; elle est également inodore. Quand elle est bien garnie de fleurs, elle produit un joli effet ; c'est une plante d'amateur très originale, dont les capsules sont également oblongues à trois cellules et trois valves, rejetant immédiatement la graine comme dans le genre pensée. En tous cas son genre semble s'éloigner des violettes, et cependant elle ne peut se comparer qu'à la petite *Viola biflora* étant toutes deux biflores ; formé de fleurs et feuilles à peu près identique, le *Viola Pubescens* est beaucoup plus développé dans son ensemble, sa fleur a la forme parfaite des violettes.

Ici s'arrêtent les citations, descriptions, qualités et critiques des différentes variétés et espèces.

Comme famille, elles appartiennent au genre *Viola* par divers caractères ; mais, comme je n'ai pas entrepris d'écrire sur le genre pensée, je m'arrêterai seulement sur les espèces et variétés n'ayant rien de la pensée, et qui pour tout le monde à première vue sont des violettes.

Des espèces de violettes. — Violettes à tiges et sans tiges tout à la fois (1).

La première espèce, la réelle violette odorante, et toutes variétés qui en découlent.

(1) *Je dis à tige et sans tige tout à la fois* parce que, dans la

La deuxième, bien qu'elle soit confondue par beaucoup de personnes dans la première, est l'espèce inodore, composée, elle aussi, de nombreuses variétés. On me dira : « mais elle est confondue et mélangée, à l'état sauvage, à l'odorante. » Cela, je veux bien l'admettre, mais ce dont je n'ai pas la preuve, c'est que les deux espèces se fécondent entre elles. Je ne sais si d'autres personnes ont été plus heureuses que moi ; en tous cas, toutes les fois que j'ai semé des odorantes, j'ai toujours obtenu des odorantes plus ou moins parfumées, mais toujours odorantes. Dans le cas contraire, en semant des inodores, j'ai toujours récolté des inodores et jamais d'odorantes ; de plus, en regardant l'ensemble de ces diverses variétés inodores, leur port et leur forme semblent l'indiquer ; l'ensemble de la fleur est plus plat, le calice moins fermé et le pédoncule moins recourbé pour la tenue de la fleur. Aussi dans les bois je m'y trompe rarement, et je pourrais désigner de ma canne, sans me baisser, les violettes odorantes des inodores, rien qu'en jetant un coup d'œil sur les fleurs.

Toutes ces remarques réunies me portent à en faire une espèce particulière, mais je n'en décrirai

description botanique, toutes les odorantes sont classées comme sans tige.

Eh bien, cela n'est pas pris au sens du mot, car les odorantes émettent elles aussi des tiges, elles sont toutes stolonifères et elles émettent des coulants ou filets qui ne sont au début que de véritables tiges non érigées, mais qui fleurissent absolument comme les tiges de celles véritables, jusqu'au moment où le stolon arrêtera son essor même pour former un véritable cœur. Il y en a qui n'en forment pas et restent très courts ; j'ai remarqué souvent des touffes fortes formées de 5 ou 6 cœurs, qui émettent une quinzaine de stolons d'au moins 20 centimètres de long, garnis de boutons et de fleurs. Si on en relevait tous ces stolons, on aurait de véritables tiges et indépendantes des cœurs restés au niveau du sol.

pas le travail, pour la raison qu'on n'en cultive pas ou très peu et qu'il serait le même que pour les odorantes ; tout ce que je puis dire, c'est que cette espèce contient tous les coloris parfaits du violet, bleu pâle jusqu'au blanc pur, en passant par vingt teintes différentes, mais que jamais je n'ai rencontré dans les inodores de violet foncé noir comme dans les odorantes.

La troisième espèce est composée des variétés de Parme. Là encore tout est différent et particulier, le feuillage seul formerait une espèce si on établissait des démarcations par le feuillage. Toutes, c'est-à-dire les six variétés distinctes, connues jusqu'à présent, sont presque uniformes ; plus en cornet que l'*odorata*, l'ensemble en est denté et crénelé, plus allongé, plus aigu ; le vert foncé est toujours verni et beaucoup plus rude au toucher ; il est en outre toujours plus érigé.

Quant à la fleur, elle est parfaite de forme, ronde en général ; les pétales superposés forment une duplicature parfaite. Pour la couleur, elle part du bleu violet foncé, passe par le violet, le bleu pâle, arrive au lilas rose et finit par le blanc pur ; enfin l'odeur est des plus suaves, tout en se rapprochant de celle de l'*odorata*, elle est plus fine, plus agréable, plus pénétrante, sans cependant être gênante. Si ce n'est le parfum qui est presque celui des *violá odorata* on serait à se demander si cette espèce est réellement de la race des *viola* ou si elle ne forme pas une plante à part, un genre à elle ; les graines même ou, pour mieux s'exprimer, le manque de graines le ferait bien supposer.

Comme je l'ai dit dans un autre passage, on ne peut pas dire que les Parmes ne portent pas graines, puisque j'en ai vu et fait voir, mais cela peut se considérer comme un phénomène et c'est ce qui explique le peu de variétés acquises jusqu'à ce jour.

La quatrième espèce, selon moi, serait l'espèce

Fig. 11. — *Viola Cuculata striata.*

ligneuse, c'est-à-dire ces trois ou quatre variétés particulièrement remarquables qui, quoique vivaces, perdent totalement leurs feuilles en hiver, ne laissant plus pour passer cette mauvaise saison qu'une souche composée d'un rassemblement de petits troncs aussi durs que le bois.

Le feuillage se développe au printemps avec les boutons à fleurs, et vient former vers les premiers jours de mai de belles touffes, mais qui sont toutes sans parfum, et ne doivent leur place dans le commerce que par l'esprit d'imitation. En un mot, elle ressemble tout à fait à de la violette ; le feuillage toujours cordiforme est largement denté, d'un beau vert noir ou vert tendre. Hautes de vingt à trente centimètres, suivant la variété, toutes sont uniformément sans tiges ni stolon, et la multiplication s'en fait par la séparation des petits troncs; nous n'avons encore comme coloris que le bleu violet et le blanc assez pur.

Une de ces variétés fleurit souvent, les pétales striés en long d'une ligne blanche dans le bleu. Somme toute, ces variétés originaires de l'Amérique septentrionale sont fort jolies et très rustiques. Enfin voilà deux automnes passés que la maison Forget et Cie tire du même pays une violette rentrant dans le même genre et cependant différente dans les détails. La plus grande curiosité de cette plante, c'est qu'elle est à fleur jaune, presque entièrement composée de tiges sur lesquelles se développent les petites fleurs à pédoncules très courts. Le feuillage en est cordiforme et denté comme dans ses congénères, mais la plante n'est composée que d'un tronc ou, s'il y en a plusieurs, ils ne sont pas soudés ensemble comme dans les précédentes.

C'est en somme plutôt une plante originale que très belle; comme toutes les violettes, elle fleurit toute l'année, mais à partir du mois de mai, les fleurs sont invisibles et forment immédiatement une capsule qui porte des graines.

A propos de ces graines, toutes ces variétés de

violettes sont plus bizarres les unes que les autres ;
ainsi, en admettant cette dernière dans ce genre,
elle produit des graines et en grande quantité ; la
variété à fleurs blanches donne aussi une quantité
de capsules et de graines bien constituées. Seule, la
variété franchement striée n'en portent jamais, quoiqu'elles soient simples toutes quatre.

DEUXIÈME PARTIE

CULTURE DES VIOLETTES

sous bois, jardins, châssis et serres.

CHAPITRE PREMIER

DES CULTURES ANCIENNES

La violette commune (*Viola odorata*) paraît être indigène dans notre vieille Europe ; partout où le degré ne dépasse pas trente degrés centigrades de chaleur et vingt de froid, on la rencontre.

Je l'ai dit dans les pages précédentes, tous les poètes l'ont chantée, tous ont célébré ses charmes, son parfum enivrant, sa modestie, etc.

Les botanistes, de leur côté, ont décrit les endroits où elle croît ; les uns la placent dans les terrains ombragés et frais, les autres dans les endroits secs et chauds.

Pour moi, tous avaient raison ; on la trouve un peu partout dans les endroits frais, humides, à l'ombre ; puis dans une autre contrée, on est très étonné de trouver les mêmes variétés dans des endroits très secs et où l'humidité n'arrive presque jamais. J'en ai même recueilli dans les montagnes, dans des crevasses de roches, où n'arrivait presque jamais d'eau.

De toutes ces citations, il semblerait résulter que cette plante n'a pas besoin de culture. Elle croît et pousse partout, donne de jolies fleurettes à profusion et fait la joie et les délices de ceux qui vont la cueillir sous bois. Je suppose bien, sans y mettre de malice, que, dans ces petites cueillettes, on s'occupe peu si les plantes possèdent plus de fleurs dans un endroit que dans un autre : c'est pourtant ce qui arrive toujours et ce qui n'échappe pas à l'œil de l'observateur.

Ainsi dans les places ombragées occupées par les violettes, elles sont fortes en feuillages, représentant de belles plantes du genre, mais là les fleurs sont les moins communes.

Tandis que, dans les clairières ou dans le pied des haies peu fournies, on observe de fort belles touffes toutes garnies de jolies fleurs. Il faut donc considérer comme une erreur, cette croyance que les violettes croissent et fleurissent mieux dans les endroits ombragés qu'à la vive lumière.

Il est exact de dire qu'elle se plaît à demi ombre, surtout pour passer les mois d'été, car la violette odorante, quoique vivace, subit un moment d'arrêt dans sa végétation. C'est surtout en mai et juin, après sa floraison qu'elle semble arrêter sa végétation ; alors là dans cet état latent, elle préfère être garantie des rayons solaires qui sont assez vifs en cette saison. Toutefois, si cet état plaît à la plante, à son feuillage, il n'en sera pas de même pour la floraison ; celle qui aura beaucoup souffert dans les jours d'été sera bien plus florifère à la saison d'automne.

C'est dans le petit domaine de sa vie naturelle et vagabonde que je vais essayer de donner à mes lecteurs quelques notions utiles pour arriver à avoir de jolies violettes, dans tous les genres de cultures et suivant les besoins que l'on a de ses fleurs.

Fig. 12. — Violette *Rawson White*.
Blanche, simple, odorante, améliorée des bois.

La culture dans les jardins sans aucun but commercial remonte fort loin. Quelques mots échappés à l'histoire disent bien, qu'il y avait des violetes en bordures, mais sans spécifier si c'était des simples, des doubles ou autres.

Tout nous porte à croire que, sans plus de cérémonies, on prenait des violettes des bois que l'on divisait, que l'on plantait, et le tour était joué.

Il faut cependant tenir compte qu'à partir de Louis XIII, les jardins firent un grand progrès, mais il faut noter aussi que c'était surtout chez les humbles, dans la culture potagère qui était la plus utile à la famille. Chez les fortunés le goût des fleurs luxeuses, se développait ; mais, étant donné le peu d'instruction des jardiniers, les cultures, les variétés de plantes se développaient lentement. Si une belle plante existait dans une propriété, un jardinier ou un propriétaire la demandait, la cultivait à son tour et de cette manière elle était localisée et ne se faisait pas une place dans la masse populaire. Une seule classe de la société avait ces privilèges et en jouissait ; delà cette lenteur à la propagation du beau, des plantes nouvelles et de leur culture.

Il fallut notre première révolution qui, créant l'égalité des classes, permit à tous de voir, de savourer pourrais-je dire, les recherches florales qui sommeillaient dans les propriétés seigneuriales.

Un vent nouveau soufflait, mais il ne soufflait que dans les grandes villes ; dans les grands centres, on avait besoin de jouir de la vie nouvelle, et après tant de désastres, il semblait qu'on eût besoin de se retremper dans la nature. Les fleurs sont les premières à nous sourire dans ces grands cataclysmes (1) ; aussi bon nombre de personnes se ré-

(1) A ce propos, ce qui se passait de 1792 à 1800, se passait également en 1870, à la suite du siège. Comme important cultivateur de fleurs, je fis une observation à mon père qui était mon meilleur conseiller ; je lui dis au printemps de 1871 : il serait peut être meilleur de planter des légumes et autres plantes de jardinage plus comestibles, plus nécessaires que des fleurs ; mais après avis partagé, je continuai comme par le passé mon travail sur les violettes et les roses. Bien m'en prit, car ces deux sortes de fleurs se vendirent au poids de l'or, c'était une sorte de frénésie pour avoir des fleurs pendant l'automne de 1871 et le prin-

pandirent dans la capitale en offrant des fleurs aux citadins; les violettes des bois étaient du nombre et offraient une rémunération assez sensible à ceux qui se donnaient la peine de les aller cueillir et de les vendre dans Paris. De là à les cultiver, il n'y avait qu'un pas.

C'est ce qui se fit sous le Consulat : plusieurs petits cultivateurs qui allaient prendre des violettes fleuries dans les bois (fig. 14), s'ingénièrent à prendre des plants pour les multiplier dans de petits champs afin d'avoir une cueillette à eux plus abondante et plus sûre que celle recueillie de côté et d'autre.

Fresnes-les-Rungis, entre autres, est un des villages avec Romainville où furent cultivées les premières violettes commerciales (1). Peu à peu, le travail devint plus rémunérateur, cela permit de les mieux travailler. On commença par faire une sélection des plants de violettes, c'est-à-dire uniformément violettes.

Voici, d'après le récit d'anciens, comment ils procédaient : les terrains étaient apprêtés comme pour tout légume dans les jardins, puis on traçait quatre lignes à trente centimètres l'une de l'autre. Cela constituait une planche, et entre chaque planche était laissé libre un espace de soixante-dix centimètres, c'était le sentier. Quand quinze à vingt planches étaient ainsi préparées, on les plantait.

Pour faire cette plantation, peu de cérémonie y était apportée. Comme cela se passait au mois d'avril,

temps de 1872 ; pourtant la grande ville n'avait été privée de ces produits qu'un seul hiver.

(1) Je dis commerciale avec intention, je le répète, depuis longtemps déjà on cultivait dans les grandes propriétés les violettes de Parme : sous châssis, en bordures, la violette bleue double et la simple des bois, mais on n'en vendait pas.

c'est-à-dire après la floraison, ils se contentaient simplement de diviser grossièrement les vieilles touffes et coulants et on plantait au plantoir ; puis, quelques binages jusqu'à l'automne, et c'était tout. De plus, ces renouvellements de plantation ne se faisaient pas souvent ; on conservait ces plantations quatre, cinq et même six ans. Les coulants les premières années garnissaient les planches qu'on se contentait de sarcler ; du reste, avec ce procédé, on ne pouvait pas faire plus, de sorte que dans les dernières années de plantation, les violettes étaient chétives et la fleur très petite.

Quoi qu'il en soit, avec cette culture défectueuse, le goût et la vente des violettes prenaient de l'extension et, en même temps que cette culture des violettes indigènes, on commençait, chez les fleuristes des environs de Paris, à cultiver la violette de Parme. On l'avait vue dans diverses bonnes maisons, et de là à en demander à leurs jardiniers, à se mettre à en cultiver, il n'y avait qu'un pas. Travaillée en petits détails et en petites quantités, la vente en était facile : Paris avait besoin de fleurs. Quant au mode de culture des violettes de Parme de ce temps, il était à peu près semblable à celui des violettes communes ; toutefois, les jardiniers les abritaient, les rentraient l'hiver, et, par ce fait, les renouvelaient plus souvent.

Dans le midi de la France on ne les cultivait que pour la parfumerie ; la culture en était à peu près semblable.

Tant que dura le premier Empire, un brillant essor fut donné à cette culture, les bénéfices devenant plus certains, on s'appliquait à la cultiver ; on laissait moins longtemps les violettes sans les renouveler, on sélectait davantage.

Les sous-variétés se fixaient et ne ressemblaient déjà plus aux violettes primitives ; le feuillage était de même forme, les violettes choisies sélectées donnaient une récolte de plus longue durée, la culture s'était étendue ; Fontenay-aux-Roses, à ses champs de rosiers, avait ajouté la violette, Bourg-la-Reine et Sceaux en cultivaient également.

Malheureusement nous arrivons à la chute de l'Empire ; les désastres qui survinrent mirent un temps d'arrêt aux progrès.

Cependant de 1818 à 1820, les bons jardiniers nous parlent de la culture des violettes, des doubles, des simples et enfin des violettes de Parme, qui, disent-ils, doivent être mises sous châssis.

En avançant de quelques années nous voyons un progrès sensible, il semble que les cultures, en approchant de Paris, aient emprunté à la grande ville ses délicatesses, ses désirs. Des plantations faites de semis, dues au hasard, ont jailli des sous-variétés d'*odorata* plus remontantes, fleurissant déjà quelque peu à l'automne. A Fontenay, des cultivateurs à force de remarques, ont fixé des variétés tardives à fleurs plus violet foncé de sorte que la durée des récoltes est bien plus longue et bien plus rémunératrice ; il n'y a plus en somme que la saison des froids d'hiver qui en arrête la floraison.

Aussi, pour obvier à cette interruption, quelques horticulteurs en commencent-ils la culture sous châssis.

Dès lors la culture s'en perfectionne et arrive à un état rationnel qu'elle n'a pas changé depuis, si ce n'est l'obtention et l'amélioration de variétés nouvelles, ce qui va me permettre d'en relater la culture suivie des progrès acquis par l'expérience du temps et le besoin des variétés nouvellement acquises.

Tout en traçant cet exposé des diverses violettes, relatant aussi bien que possible leur existence, leur origine, leur naissance, il n'était guère facile d'indiquer en même temps les diverses phases de leur culture et les services que l'on attend d'elles soit comme commerce d'agrément, soit comme industrie.

J'ai pensé qu'il serait bien plus clair et bien préférable, pour faire suite à ce rapide historique, de suivre chapitre par chapitre les évolutions de chaque variété, la place qui convient à chaque variété, soit sous bois, massifs ou en petits jardins, grandes propriétés, parcs, serres, châssis, soit pour les grandes cultures commerciales, en pleine terre et chauffées, en faisant suivre l'évolution des différentes cultures de Parmes dans les environs de Paris, Toulon et sur le littoral de la Méditerranée.

CHAPITRE II

PLANTATION SOUS BOIS

En commençant par cette plantation (j'allais dire culture, mais ici le terme serait impropre), mon but est plutôt d'enseigner ce qu'il y a à faire que de dire comment il faut faire. Pour les plants, pour les plantations on devra agir comme dans les jardins, procédé dont il sera parlé plus loin. Beaucoup de personnes possèdent des bois dépourvus de violettes et me demandent des indications afin d'y faire exécuter des plantations de cette fleur, rien n'est plus simple.

Si le bois est relativement grand, qu'il contienne des allées de deux mètres et plus, on peut faire établir des bordures de deux et trois rangs de violettes, car rien n'est plus joli que cela à l'automne et au printemps.

Il suffit de faire exécuter de chaque côté de l'allée un petit labour de 55 centimètres de large si l'on veut planter à trois rangs et 40 centimètres seulement si l'on plante à deux rangs. Il faut avoir soin de donner au labour une légère inclinaison du côté de l'allée, puis on donnera sur le labour un petit coup de fourche crochue. On tracera les rangs en ayant soin de suivre rigoureusement tous les profils de l'allée.

La distance des rangs doit être de 30 centimètres,

s'il n'y en a que deux, de 20 centimètres s'il y en a trois. Quant à la distance des plants 30 centimètres pour les trois rangs et 20 centimètres pour les deux rangs; pour les allées étroites un seul rang suffit, mais on devra les planter plus serrés sur le rang pour former une rangée compacte marquant les sinuosités du bois; les plantations éparses sous bois devront toujours être faites dans les clairières, par petits groupes réunis comme je l'ai dit plus haut; je n'indiquerai pas ici le système de planter, je vais simplement indiquer les variétés susceptibles d'y bien croître.

D'abord les petites violettes des *Quatre-Saisons*, qui sont là dans leur milieu, puis l'*Argentiflora* dont on trouve quelques spécimens dans certaines forêts, la petite *Viola-Odorata-Rubra* qui, par son coloris rouge vif, fait très bien en bordure et même dans les clairières. En bordure on peut très bien avoir les trois couleurs en employant *Rawson-s' White*, qui n'est autre que notre violette blanche des bois revenue d'Angleterre un peu améliorée sous ce dernier nom; deux variétés y croissent également bien : ce sont *Mignonnette* et le *Lilas*.

Des essais de violettes à grandes et grosses fleurs ont été faits mais sans grand succès, entre autres le *Czar*, le *Czar blanc* et j'ai vu même des Parmes qui, avec l'abri des bois, vivaient mais ne donnaient que quelques fleurs avortées; en général les doubles n'y font pas bien.

CHAPITRE III

CULTURE DES VIOLETTES DANS LES PETITS JARDINS

La culture des violettes dans les petits jardins est extrêmement facile et à la portée de tous ; les variétés communes ne sont pas chères soit qu'on les achète, soit qu'on se les procure auprès d'amis ; ce serait donc un grand tort de se priver de cette humble petite fleurette qui, comme les hirondelles, nous annonce le retour du printemps tout en parfumant nos demeures.

Pour ces petits jardins je conseillerais d'en faire la culture en bordure, cela économise la place et permet de se donner le luxe de cette plante sans pour cela amoindrir la place réservée à d'autres produits

Ces plantations en bordures se font toujours sur un rang de quinze à vingt centimètres, éloignement nécessaire entre chaque plant pour que le feuillage figure de suite une bordure convenable. La plantation s'en fait au plantoir avec des pieds d'un an ou deux divisés ; les divisions ne devront pas être trop grosses (deux cœurs ou trois (1) pas plus), et ces

---

(1) *Je dis deux cœurs ou trois*, parce que j'ai remarqué que souvent, pour que cela figurât plus vite, on plantait des grosses touffes. C'est un tort ; ces grosses touffes s'atrophient avant la reprise, les cœurs s'efféminent et finalement ne valent rien, par conséquent ne donnent pas de fleurs.

cœurs doivent être mis bien au niveau du sol et bien égaux.

Les meilleurs saisons pour ces confections ou réfections de bordures sont du 1ᵉʳ octobre au 15 novembre, ou, au printemps, du 15 février à fin mars ; si on doit prendre des plants sur des touffes en rapport, on devra attendre la fin de la floraison : si du moins la saison est moins favorable pour la reprise, elle aura permis la récolte des fleurs. Si on désire les cultiver en une petite planche, elles n'en seront que mieux, mais toujours les placer à l'air et à la lumière : ces conditions sont nécessaires pour avoir une bonne floraison.

Les meilleures variétés à employer dans les petits jardins sont (en disant les meilleures variétés, j'entends celles qui sont les plus robustes dont le feuillage est ferme, saillant, faisant de l'effet) :

CHAPITRE IV

DES VARIÉTÉS A EMPLOYER DANS LES PETITS JARDINS

Le Czar, *Quatre-Saisons bleue*, *Welsiana*, *Victoria*, *Luxonne et l'Inépuisable*. Ces six variétés donnent une bonne floraison à l'automne et au printemps ; en voici d'autres qui font aussi de très belles bordures mais qui ne donnent qu'au printemps : *Amiral Avellan* (fig. 13), *Viola odorata rubra*, *Bleue de Fontenay*, *Rawson White*, *Viola à fleurs tigrées or*.

Comme doubles, deux variétés seulement, *Double bleue et Blanche double de Chevreuse*.

Quoique nous ne possédions qu'un petit jardin, nous pouvons être très amateur de cette fleur et désirer en avoir une partie de l'hiver.

Pour arriver à ce résultat, nous emploierons la variété *Quatre-Saisons Semprez*, que nous aurons au préalable plantée en une planche de notre jardin, vers le 15 novembre. Pour la protéger, n'aurions-nous que haies ou treillage au midi, nous y rassemblons nos violettes et elles seront apportées en mottes et plantées touche à touche ; là, avec quelques lattes de bois au-dessus, nous pourrons y

jeter dans les gros hivers un paillasson ou toute
autre chose d'abritant. A moins d'un hiver extra-

Fig. 13. — Violette *Amiral Avellan*.
La première à grandes fleurs rouge pourpre.

ordinaire, nous aurons toujours ainsi quelques violettes fleuries.

CHAPITRE V

LES VIOLETTES DANS LES GRANDS JARDINS ET GRANDES PROPRIÉTÉS

Ce que l'on attend d'elles et quelles variétés à employer

Le jardinier en chef d'une grande propriété est souvent bien embarrassé pour fournir sa saison de fleurs hivernales, plantes d'appartements, fleurs pour le parfum, etc.

Or, si le jardinier en chef connaissait bien la culture des violettes et savait leur faire rendre tous les services qu'elles peuvent lui rendre, pas un ne négligerait cette culture.

J'ai vu bien des maisons où le jardinier livrait plantes et fleurs une fois par semaine ; ces fleurs étaient souvent composés d'orchidées, camélias, azalées, voire même lilas et roses, puis un modeste petit bouquet de violettes, et des plus simples, des plus communes (quatre-saisons). Je vous donne en mille quelle était la recommandation que l'on faisait au jardinier en s'en allant, la voici:

« Surtout, quand vous reviendrez, n'oubliez pas les violettes s'il y en a. »

Or cette recommandation était grosse de désirs ; elle laissait bien voir que les violettes, malgré leur peu de volume et leur modestie, étaient les fleurs préférées.

Or, puisqu'en qualité de jardinier en chef de bonnes maisons, nous disposons de matériel pour notre culture, c'est-à-dire de châssis, de paillassons, voire même des feuilles mortes dans le parc pour abriter, nous pourrons fournir des violettes chaque semaine depuis septembre jusqu'en mai. Il suffirait pour cela d'être muni des variétés pouvant remplir ce but.

Pour arriver à ce résultat, il faut bien se pénétrer que les plantations de violettes doivent être refaites tous les ans, qu'il ne faut jamais laisser de vieux plants quand il s'agit de fleur coupée, et laisser seulement celles en bordures devant fournir les fleurs de printemps.

Occupons-nous donc des variétés qu'il faudrait cultiver pour arriver à ce résutat, ceci est fort simple. Les variétés mises en bordures peuvent nous fournir les fleurs d'automne, c'est-à-dire septembre et octobre. Nous aurons pour cela comme violettes à fleurs simples *Wilsiana*, *Bleue de Fontenay*, le *Czar*, le *Lilas*, l'*Inépuisable*, et *Patrie* comme violette à fleurs doubles, si cette dernière est plantée dans des terrains doux et sableux.

Avec les six variétés ci-dessus mentionnées, nous pouvons donc avoir des violettes fleuries tout septembre et octobre ; inutile d'ajouter que ces mêmes variétés, l'hiver passé et toujours en bordures, reprendront leur service en mars et avril tout aussi bien que d'autres, affectées spécialement au printemps.

Puisque nous sommes fleuris en septembre et octobre, apprêtons les variétés pour leur succéder :

c'est la plus grande saison, toute la saison hivernale, c'est-à-dire novembre, décembre et janvier.

Pour ces trois mois un choix judicieux s'impose, il faut des variétés hâtives ; en les favorisant et en les abritant, les plus belles et les plus odorantes de celles qui fleurissent en plein hiver rempliront ce but.

Afin d'obtenir le résultat du travail, nous les cultivons en pleines planches dans le potager, comme des fraisiers, des choux, etc. « Et pourquoi, me dira-t-on, les cultiver à pleines planches dans le potager ? » Tout simplement parce que la violette est une plante comme une autre et que, malgré les vieux préjugés qui la donnent comme poussant toute seule, elle a besoin de soins et de préparations quand elle a un rôle à jouer.

Dans le potager elle y est mieux, ou le fleuriste si nous en possédons un. Soignée comme toute autre plante ou légume, elle s'y prépare à une bonne floraison, se fait de belles touffes bien trapues, en un mot bonnes à être transportées dans les châssis où nous la destinerons à passer l'hiver.

Voici les variétés que nous emploierons si nous pouvons et avons assez de matériel pour les entretenir toutes ; comme j'indique à peu près leur durée de floraison, si on veut restreindre le nombre de variétés, on gardera celles qui durent le plus longtemps, ou deux variétés se succédant.

Violettes des *Quatre-Saisons* odorantes fleurissant depuis septembre jusqu'à fin janvier, *Quatre-Saisons* bleues fleurissant depuis septembre jusqu'à fin janvier, *Quatre-Saisons Semprez* fleurissant depuis octobre jusqu'à fin janvier, *Souvenir de Millet père*, à grandes fleurs, fleurissant depuis novembre jusqu'à fin janvier, puis les variétés extra-communes, grandes fleurs :

Gloire de Bourg-la-Reine,
Explorateur Dibowsky,
Princesse de Galles,
Luxonne.
La France:

Fleurissant de novembre au 15 février. Ces variétés sont extra, très belles comme grandes fleurs, grandes tiges, feuillage très beau. Mais ces plantes ne sont pas réellement si florifères en décembre et janvier que les quatre variétés précédentes; quant au printemps elles peuvent toutes nous rendre des services; nous n'avons que l'embarras du choix, celles qui ont fleuri à l'automne reprendront leur floraison. Nous pourrons en augmenter le nombre avec *Brune de Bourg-la-Reine, Amiral Avellan,* deux variétés extra comme pourpre et rouge donnant à la lumière, lorsqu'elles sont en bouquet, une couleur feu du plus bel effet.

Puis pour ce qui est des derniers mois de printemps nous aurons comme rustiques en bordure *Rawson-s' Wihte,* violette à fleurs blanc pur très appréciable, puis *Odorata-Rubra,* rouge purpurin d'un effet saisaissant. Toutefois, ces deux variétés sont à fleurs ordinaires. Enfin, si nous avons à faire des bordures marquantes pour tout l'été surtout un peu ombrées, nous aurons la violette *Armandine Millet,* à feuillage vert panaché, blanc ivoire, d'un effet merveilleux. Elle peut aussi être accompagnée de violettes à feuilles d'or et aussi à feuillage strié jaune d'or très joli : ce qui n'empêche pas ces deux variétés d'émettre dès le printemps de jolies fleurs bleu-violet au-dessus de leur feuillage déja très remarquable.

Enfin pour les personnes amateurs de doubles, je signalerai la violette bleue double et *Belle de Chatenay*, toutes deux très tardives, bien florifères et à

Fig. 14. — Violette *Explorateur Dibowsky*.

fleurs très pleines. En résumé, si l'on ne peut ou ne veut s'occuper de toutes ces variétés à la fois, il suffira de faire un bon choix parmi elles et on obtiendra de ce fait une bonne floraison depuis fin août jusqu'aux premiers jours de mai. Cette saison florale peut même être encore prolongée plus loin par une autre espèce contenant trois variétés dont il sera parlé dans le chapitre suivant avec les violettes de Parme.

CHAPITRE VI

DES VIOLETTES DE PARME.

Les violettes de Parme ne sont pas nombreuses jusqu'à ce jour; ces quelques variétés constituent, selon moi, une espèce ; tout contribue à le prouver ; sa fleur, son feuillage, son parfum, son tempérament qui indiquent une origine autre que celle de l'Europe centrale. Est-ce bien une violette? On pourrait en douter.

Pourtant les quelques graines que j'ai récoltées par grand hasard sont une quasi-certitude.

Maintenant, quelle est son origine ? Elle n'est rien moins que claire ; les uns disent Turquie, les autres disent Parme ; enfin elle porte aussi le nom de violette de Naples.

Quoi qu'il en soit, elle peut et doit être considérée comme une espèce.

Pour ceux qui aiment son odeur suave, on peut la considérer comme le nec-plus-ultra du genre ; ainsi par exemple, si son parfum nous plaît, nous désirons des violettes pendant sept mois de l'année; vite, élevons des violettes de Parme pour notre besoin, une ou deux variétés; elles ne nous feront pas défaut. C'est bien la plus jolie plante de toutes. Pensez donc des fleurs pendant sept longs mois de l'année et cela dans l'hiver ; quelle est donc la plante qui voudrait se mettre sur les rangs pour une durée florale pareille ? Pas beaucoup je crois ; et aussi bon nombre de possesseurs de jardins s'offrent-ils ce luxe de culture, et sans un petit hic, ils seraient toutefois plus nombreux encore ; ce hic, c'est que la violette de Parme, ne croît pas en pleine terre. En hiver, il lui faut le châssis ou tout au moins l'abri du mur pour pouvoir donner satisfaction ; le châssis surtout, c'est sa place par excellence. Élevée en pleine terre pendant l'été, placée sous châssis au mois d'octobre, elle se trouve là dans son élément, et peut donner avec abondance pendant de longs mois.

Où donc trouver une plante qui nous charme par sa vue, et nous parfume aussi longtemps qu'elle dure ? Aussi c'est sans reproche qu'on l'abrite et la dorlote un peu l'hiver, elle le mérite bien.

Quoi qu'il en soit, travaillée avec d'autres dans la même maison ou seule, nous serons toujours assurés d'une longue et belle floraison. Comme je l'ai dit en tête de ce chapitre, les variétés de cette espèce ne sont pas nombreuses ; six seulement existent aujourd'hui, encore à bien prendre n'y en a-t-il que cinq. Les voici :

Violette Parme ordinaire. Type (bleue mauve pâle).

Parme *de Toulouse*. Amélioration de la précédente, plus foncée, à pétale plus corsés par le travail et les différents climats.

Parme ordinaire (sans filets).

Parme *Mme Millet* (à fleurs roses, une des plus parfumées).

Parme *Marie-Louise* (bleu foncé, une petite flamme sanguine au milieu).

Parme *Swanley White* ou *Comte de Brazza* (blanche

très pure en hiver, dans les jours de printemps, le grand soleil colore en bleu quelques extrémités des pétales).

Comme on le voit par cette petite nomenclature, violette de Parme ordinaire et violette de Parme de Toulouse ne sont qu'une seule et même variété. Ce n'est qu'une question de sélection des plus belles plantes cultivées dans un climat mieux approprié à son tempérament qui l'a conduite à se faire une sous-variété ; il ne serait peut-être pas généreux de la rejeter et de s'en tenir au type, d'autant plus qu'elle le surpasse en beauté, qualité et rendement. En restant là des créations dans ce genre, on ne produit pas de confusion.

La vraie Parme de Toulouse est une sous-variété bien améliorée par les années et c'est tout.

C'est pourquoi je m'abstiendrai d'enregistrer des noms qui ne sont que des répétitions de Parme plus ou moins bien soignées, se plaisant plus ou moins bien dans les sols et climats sous lesquels elles sont cultivées, telles que la *Violette de Parme, Gloire d'Angoulême, de Turquie*, etc. Quelques-unes même n'avaient pas été nommées.

Or toutes ces variétés nous les avons achetées, et après deux ou trois ans de culture nous étions convaincus que c'était bien la réelle violette de Parme, avec très peu de variation selon sa provenance et le climat d'où elle sortait.

Quoi qu'il en soit et malgré le peu de variétés possédées, comme je l'ai déjà dit, c'est bien la violette par excellence ; encore, avant de la quitter, dois-je, pour être juste, lui adresser un éloge de plus.

Toutes les personnes qui ont habité Paris, toutes celles même qui n'ont fait que d'y passer en mars et

Avril, ont vu et admiré ces belles potées de violettes qui ornent nos magasins de fleurs ; tous les halles et marchés en sont remplis, flattant les yeux et embaumant l'air de la Métropole. Or, c'est encore la violette de Parme qui fournit ces contingents. Non contente d'avoir payé son tribut en fleurs coupées pendant cinq à six mois, à la fin du printemps, elle se prête à cette combinaison qui consiste, à la fin de sa floraison, à en réunir trois ou quatre touffes en un pot, puis les laisser sept ou huit jours sous châssis, le temps de reprendre et de se redresser ; et alors on peut en jouir en appartement jusqu'à complet épuisement des fleurs.

Ce petit travail, qui du reste est fort simple et dont il sera parlé au chapitre *Culture des Parmes* est rémunérateur pour les jardiniers et cultivateurs et rend de très grands services aux jardiniers de maisons ; les plantes fleuries étant assez rares en mars et avril, elle leur permet de faire des garnitures très longtemps : La Parme rose *Mme Millet*, mise en pots forme des potées de fleurs splendides.

CHAPITRE VII

VIOLETTES TARDIVES — CUCULATA GRANDIFLORA ET AUTRES DITES TUBÉREUSES

Extrêmement tardive, cette espèce est le complément naturel de toutes les autres espèces et variétés;

Fig. 15. — Violette de Parme rose *Madame Millet*.

sa floraison visible et belle n'a lieu qu'au printemps (je dis visible et belle, parce que, comme presque toutes ses congénères elle émet des fleurs presque toute l'année et fort tard). Les parmes seules ont encore quelques fleurs, quand commence la floraison. C'est la violette pour bordure par excellence, bordure de grands massifs, bordures de plates-bandes, etc. Rustique en tous lieux, elle croît aussi bien au soleil qu'à demi-ombre, en forme de touffes qu'il n'est pas rare de voir porter de 50 à 100 fleurs à la fois. Sa floraison dure un grand mois, puis une belle verdure constitue pour le reste de l'année une gracieuse décoration bordurale.

Cette espèce est peu connue, peu répandue, même pas assez pour les services qu'elle peut rendre comme décoration florale : car cueillie, à l'exemple des violettes de Parme, elle forme de bien jolis bouquets, et qui plus est, fleurit bien en pot, surtout l'empotage étant fait quand les boutons sont prêts.

Je disais tout à l'heure qu'elle n'était pas assez cultivée ; cela est vrai, mais aussi il faut bien avouer que, malgré la grandeur et la beauté de ses fleurs, même la longueur de ses tiges qui facilite bien sa mise en vase, elle a un défaut capital, celui de n'émettre aucun parfum. Pour les personnes qui craignent l'odeur des fleurs dans les appartements on ne peut mieux conseiller que les variétés de ce genre, qui peuvent faire des décorations de tous genres sans incommoder.

Toutefois la variété nouvelle *Viola Pubescens* ne peut pas être comprise pour la confection des bouquets, ou elle ne figurerait pas bien : pour la confection de toutes espèces de vases ou pièces décoratives pour appartement, en revanche, elle produit une décoration parfaite. Pour large bordure, plantée en deuxième ou troisième rang, le beau vert de son

feuillage, émaillé de son abondante floraison jaune.
produit un effet de bon goût.

Contrairement aux plantes de son espèce, sa multi-

Fig. 16. — *Viola Cuculata grandiflora*.

plication par éclats n'est pas pratique, les bouturcs
herbacées ne donnent pas un résultat bien satisfaisant; par compensation elle se multiplie assez facilement par graine, les semis de cette année nous
ont donné de fort beaux sujets.

CHAPITRE VIII

DES PROCÉDÉS DE CULTURE
ET DE LA PRÉPARATION DES PLANTS

Ayant indiqué dans les chapitres précédents les variétés à employer, il ne me reste plus qu'à faire connaître les diverses opérations à exécuter pour mener à bonne fin une culture de violettes bien entendue.

Les divers modes que je vais indiquer doivent aussi bien s'appliquer au cultivateur exploitant pour le commerce qu'à celui qui cultive spécialement pour une maison. Ils peuvent employer les mêmes procédés, le but étant le même : créer de jolies plantes pouvant donner le maximum de fleurs possible. Cependant il y a des différences assez sensibles tantôt chez l'un, tantôt chez l'autre, et voici pourquoi : chez le jardinier consommateur son but est d'avoir des fleurs tout le temps, toute la saison ; chez le cultivateur vendeur, son ambition est tout autre : dans bien des cas il sacrifiera même ses plants ; peu lui importe puisqu'il en fera d'autres, pourvu qu'il arrive en temps opportun, c'est-à-dire pour les fêtes où les prix prennent une plus-value considérable. Pour arriver à ce résultat, cela dépend plutôt de la conduite du forçage des plantes que de la culture de l'élevage ; occupons-nous donc de l'élevage de ces plantes.

Comme je l'ai déjà fait observer, les violettes, surtout les simples, s'accommodent presque de tous les terrains, mais de préférence des terrains préparés assez longtemps d'avance par des labours d'hiver et fumés convenablement mais pas trop. (La violette n'aime pas trop d'engrais; dans les terrains maraîchers où l'engrais est en majeure partie, elle n'y réussit pas du tout.)

La terre ainsi préparée par les gros travaux, nous la diviserons en planches qui seront préparées comme pour tous autres légumes ou plantes, c'est-à-dire hersées à la fourche crochue, passées au râteau et enfin tracées à quatre rangs; nos rangs seront à 40 centimètres l'un de l'autre, ce qui donnera à notre planche 1 m. 20 de largeur. Puis nos plants seront plantés à 30 centimètres les uns des autres.

Ces mesures ne seront applicables que pour les variétés à grands feuillages, telles que *Gloire de Bourg-la-Reine*, *Princesse de Galles*, *Explorateur Dibowsky*, *Amiral Avellan*, le *Czar*, *Brune de Bourg-la-Reine*, *Wilson*, etc. Pour les variétés ordinaires, celles à petits feuillages comme les violettes de quatre-saisons ordinaires, *viola odorata rubra*, etc., les rangs ne seront plus espacés que de 30 centimètres, ce qui ne donnera plus à notre planche que 90 centimètres de large; nous serrerons aussi nos plants un peu plus. Au lieu de 30 centimètres, nous ne les mettrons plus qu'à 25 centimètres, et à cette distance, dans les deux cas, nos violettes seront bien.

Si nous désirons faire plusieurs planches de violettes, et c'est le cas de ceux qui cultivent en grand, nous ferons des sentiers de 60 centimètres mesurés du rang au rang. Cela peut paraître large à première vue; mais, lorsque nos violettes auront des feuilles qui verseront de 10 centimètres de chaque côté, notre sentier sera réduit à 40 centimètres, ce qui n'est vraiment pas de trop pour les services à faire dans le courant de la campagne et même de l'année, si les variétés plantées doivent rester sur place et y fleurir.

J'ai dit, quelques lignes plus haut, la distance à laquelle se feront les plantations, sans même désigner les plants que nous emploierons. Et bien, chers lecteurs, les plants que nous emploierons seront de petites touffes composées d'un cœur ou deux au plus, munies de jeunes racines, plants qui auront été préparés à cet effet dans le cours de l'hiver précédent. Si nous n'avons pas de ces beaux petits plants, employons des divisions de vieilles touffes composées, elles aussi, de deux ou trois cœurs les plus racinés possible, mais en tous cas, ces derniers ne valent pas les plants spéciaux préparés à cet effet, préparation dont il sera question dans le chapitre suivant.

Comme nous ferons cette plantation au plantoir, il faudra qu'elle soit soignée et bien faite : en général les plants des vieilles touffes seront longs et il fandra faire avec le plantoir un trou assez profond afin qu'ils soient descendus de toute leur longueur, et aussitôt serrés fortement ; sans cela les plants périclitent et notre plantation se trouve compromise. Car, contrairement à l'opinion générale, les violettes, surtout au printemps, sont bien difficiles à reprendre et il y a même peu de plantes qui, mises en terre à cette époque, restent aussi longtemps sans émettre de racines nouvelles. Nos plantations seront faites en mars et avril, mais terminées dans ce dernier mois, pour les simples spécialement.

Comme nos violettes ne changent pas, beaucoup ne progressent presque pas de longtemps et nous éviterons de les remuer, c'est-à-dire de les biner de suite. Si la terre se salit, il sera préférable de sarcler, mais en juin on donnera un binage très superficiel à seule fin de ne pas toucher aux racines nouvellement émises. Fin juillet, nous en donnerons un second (encore si le temps est très sec, il vaut mieux s'abstenir, reculer l'opération), le faire un peu plus profond, mieux disposé, et nos violettes, commençant à être fortes, le permettent. J'oubliais aussi de dire que les mois de juin et juillet peuvent être très secs ; malgré cela, ne mouillez pas vos violettes avant le 15 juillet. Avant ce n'est pas la saison de pousser, on leur ferait beaucoup plus de mal que de bien ; en admettant que l'on commence à les arroser fin juillet, il faut le faire avec la ferme intention de continuer les arrosages si la sécheresse d'automne continue ; sans cela, on les mettrait en activité, et, passant d'une alternative à une autre, cela pourrait leur nuire fortement.

Dans le cours du mois d'août les violettes s'élancent et commencent à bien pousser ; vers la fin de ce mois, en retirant les quelques herbes s'il y en a, nous retirerons les filets ou stolons qui auraient déjà pu croître. Ce petit travail est nécessaire si nous voulons avoir de belles fleurs ; je sais bien qu'on pourrait dire. « Mais je n'ai jamais effilé mes violettes et j'ai eu des fleurs tout de même. » Je le sais fort bien et il en est de même pour tout, fleurs, fruits, etc. ; mais, puisqu'ici nous voulons avoir du beau, eh bien, travaillons pour cela. D'ailleurs ces petits soins ne sont pas longs à donner, et aussi vers le 20 octobre ferons-nous un second effilage ; celui-là a deux utilités, la première est de débarrasser notre touffe de tout ce qui pourrait prendre la sève à son détriment, la seconde est que notre touffe, en poussant vigoureusement a émis de beaux stolons que nous allons utiliser. C'est l'instant de penser aux plantations de l'année suivante et de se ménager des plants; ce n'est pas difficile : car, au lieu de négliger les filets que l'on doit retirer comme au premier effilage, on les ramasse au fur et à mesure et on les met à l'abri, afin qu'ils ne se fanent pas.

L'effilage terminé, on procède à la préparation des filets, qui est des plus simples ; il sont dressés les cœurs terminaux tous dans le même sens en ayant soin de retirer les quelques petites folioles qui se trouvent le long des filets. On les égalise ensuite par poignées avec une serpette ou un greffoir pour les rendre uniformes à la plantation. Il nous restera maintenant à les planter ou à les enjauger en pépinière pour passer l'hiver; à cet effet, nous préparerons une planche de bon terrain, assez léger en bonne exposition de préférence. Nous réunirons trois ou quatre filets ensemble et nous les planterons à tout touche, c'est-à-dire environ deux cents petites touffes de trois à cinq cœurs par mètre superficiel. D'autres personnes se contentent d'enjauger ces plants en reculant, les mettant presque côte à côte, et les petites jauges à quinze centimètres les unes des autres.

En tous cas, je préfère la plantation, c'est plus sûr, mais c'est peut être un peu plus long. Enfin, pour terminer et passer l'hiver, il faut protéger d'une petite couverture, quelle qu'en soit la nature, dans le moment des grandes gelées seulement, pour empêcher les feuilles de griller.

Dès le retour du printemps, nos plants végéteront

et s'enracineront ; nous n'aurons donc plus qu'à les prendre pour faire nos nouvelles plantations en mars et en avril. Comme il a été dit précédemment, beaucoup de personnes ne se donnent pas cette peine et prennent des divisions de vieilles touffes ; cela réussit assez bien, mais ne vaut jamais de beaux plants préparés à l'avance.

CHAPITRE IX

CULTURE DES VIOLETTES DE PARME ET DES VARIÉTÉS A FLEURS DOUBLES

Préparation de ces divers plants.

Les préparations et cultures des diverses variétés de Parmes, et de presque toutes celles à fleurs doubles diffèrent peu de celles à fleurs simples ; pourtant elles demandent des soins particuliers.

Habituellement, les terrains sont choisis plus doux, plus légers. Sans fumer énormément, on devra bien amender la terre avec du bon terreau, soit de fumier de cheval, soit de feuilles ; l'un ou l'autre seront très bons dans les terres fortes. Si nous tenons à cultiver la *Parme*, nous devrons y additionner du sable, des vieux gazons réduits, en un mot tous les détritus capables de rendre notre grosse terre plus légère et plus perméable.

La plantation se fera de même que pour les simples : toujours au plantoir, mais le peu de volume et la délicatesse du feuillage nous permettra de faire une plantation plus compacte. Au lieu de tracer nos planches à quatre rangs, nous tracerons à six rangs, et, au lieu de planter nos plants à trente ou quarante centimètres, nous les mettrons à quinze centimètres au plus ; cette distance peut paraître étroite pour les plants, cependant il n'en est rien, car cela ne donne que quarante à cinquante touffes au mètre superficiel, espace bien suffisant pour les violettes de Parme. Les violettes *doubles Patrie* et en arbre peuvent être traitées à la même mesure, mais je conseille pour les autres variétés à fleurs doubles la distance de vingt centimètres et cinq rangs seulement.

Puisque nous sommes au chapitre des violettes délicates, je crois qu'il serait bon d'assimiler au même régime deux très jolies violettes ; je veux parler des variétés *Armandine Millet* et *Souvenir de Millet père*, qui, cultivées comme les Parmes, donnent de forts beaux résultats.

Poursuivant nos plantations de Parme faites dans les conditions et distances voulues, nous n'aurons plus à faire et à donner que les mêmes soins énumérés pour les simples, c'est-à-dire sarclages, binages et effilages. Pourtant, si notre terrain est sec et brûlant, un petit paillage très fin, plutôt un terreautage en gros terreau, jeté en semant à la pelle, à la volée au commencement de juin, nous fera grand bien pour passer juillet et août. En ce dernier mois, nos violettes les *Parmes* principalement, seront déjà bonnes à effiler et c'est là une opération qu'il ne faut pas négliger avec ces variétés, qui ont des tendances à émettre beaucoup de stolons ; ces filets n'étant pas retirés atrophieront les cœurs, qui nous créeront des fleurs de Parme très faibles. Du reste, comme ces sortes de violettes ne donnent de bons résultats que si elles sont renouvelées par des jeunes plants, servons-nous donc de ces stolons pour faire des plants pour l'année suivante ; pour préparer ces plants, on procédera de la même façon que pour les autres violettes.

Les stolons seront dressés par poignées, c'est-à-dire égalisés ; on mettra tous les cœurs à la même hauteur pour pouvoir les prendre facilement et les planter ; en même temps que nous ferons ce petit dressage, nous enlèverons les folioles du bas des filets pour activer la sortie des radicelles. Une fois nos plants ainsi préparés, nous les planterons en bonne place en terre légère, bien saine, et nous aurons dressé au préalable une planche de terre de la largeur des châssis, car il est urgent pour bien faire passer l'hiver aux plants de Parme de les mettre sous châssis.

Ne serait-ce que des mauvais châssis de rebut, pourvu qu'ils puissent abriter pendant le gros de l'hiver c'est tout ce qu'il faut ; j'insiste sur l'emploi des vieux châssis, parce que c'est un moyen de les utiliser et de réserver les bons pour d'autres cultures.

Nos horticulteurs spécialistes n'en font pas d'autres. et comme ils ont besoin de milliers de plants, tout leur vieux matériel est employé à cet abritement

Les plants y sont très pressés; on n'y plante pas moins de 250 à 300 petites touffes par châssis, et chaque petite touffe est elle-même composée de quatre à cinq filets ou stolons ; une fois cette petite plantation faite, les soins sont presque nuls jusqu'au mois d'avril et mai où on vient les prendre pour les mettre en pleine terre. Ils n'auront en somme réclamé que de petits soins de propreté comme toute autre plante, et, ces soins donnés, nous aurons au printemps de jolis plants à notre disposition.

Toutefois si, à l'effilage du mois d'août, nous n'avons pas eu suffisamment de filets pour nos besoins nous pourrons nous compléter au deuxième effilage.

Les plants pris à cette deuxième opération sont un peu moins forts, mais ils sont excellents tout de même.

Je dis : deuxième effilage, c'est évidemment un peu onéreux, mais c'est nécessaire : car nous savons tous que, sous le climat du centre et même presque partout, il faut que les violettes de Parme soient rentrées l'hiver ; c'est quelques jours avant qu'on ne les rentre, qu'elles doivent être effilées de nouveau.

Voici donc à peu près les petits soins que nécessitent les violettes de Parme et quelques violettes doubles, depuis le moment où elles sont plantées en pleine terre jusqu'à la rentrée, c'est-à-dire l'instant où, étant mises en place, elles commencent à fleurir.

Il est nécessaire aussi de dire que, comme pour les violettes simples, si les mois d'août et septembre sont secs, de bons arrosages continus sont nécessaires.

Avant de quitter ce chapitre des plants, il est utile que je mentionne le mode de multiplication des violettes de Parme ; sans filets puisqu'elles n'en ont pas nous n'avons donc pas d'effilage à leur faire subir pendant la pousse. Bien des personnes se bornent, au printemps, à en faire la division des touffes pour les multiplier, c'est bon ; mais en procédant autrement c'est encore meilleur.

Je disais tout à l'heure qu'elles n'avaient pas de stolons c'est vrai ; mais elles forment des touffes par leur réunion de nombreux cœurs attachés sur les racines un peu plus longuement que dans les autres variétés. Je conseille donc au moment de la rentrée, d'écaler surtout aux fortes touffes trois ou quatre de ces petits cœurs en les repiquant sous châssis, ainsi que les stolons ou filets des autres variétés. Je recommande surtout, lorsqu'on les plante, de les bien **serrer** au collet, vu l'absence de longueur, comme dans les sto-. lons. Ainsi préparées, nous trouverons au printemps de bons et beaux petits plants de Parme sans filet, bons à replanter et n'ayant pas fleuri, et ces petits plants ou cœurs seront bien préférables, à des éclats de printemps ayant donné des fleurs. Les violettes *Patrie*, *Blanche de Chevreuse* et en arbre ne produisent que peu ou pas de filets; on pourra donc, pour ces dernières comme pour les précédentes procéder de la même façon.

CHAPITRE X

MULTIPLICATION DES VIOLA CUCULATA
LEUR CULTURE

Les variétés de cette espèce inodore ne sont pas nombreuses, du moins en France et à ma connaissance; je ne possède que trois de ces variétés : la *Viola Cuculata Grandiflora*, *Viola Cuculata Striata* et *Viola Cuculata Alba*. Je dois dire que, comme racines ou souches, elles sont, à peu de choses près, semblables. Quant au feuillage, quoique cordiforme dans toutes les variétés, il est assez dissemblable. Vert tendre, très haut, trente ou quarante centimètres dans les fortes touffes; la variété « *Cuculata Striata* » est la plus hâtive du genre, puis vient la *Viola Cuculata Alba* avec un feuillage plus menu, vert fort, blanc même, jusqu'aux pédoncules, et enfin la plus tardive *Cuculata Grandiflora*, dont le feuillage est plus court, d'un vert foncé ; elle laisse passer ses fleurs par-dessus, tandis que les deux autres variétés les couvrent dans la fin de la saison florale.

Cette variété grandiflora est vraiment digne d'intérêt au point de vue ornemental des jardins; dès la cueillette de ses fleurs dont on peut faire de jolis vases pour appartement, étant données leurs grandes fleurs et leurs longues tiges. La multiplication de ces trois variétés se fait soit au printemps

avant la floraison, soit après et à l'automne; je préfère celle du printemps.

Cette espèce, comme je l'ai déjà dit est fibreuse,
ligneuse ; une touffe forte est composée de plusieurs

Fig. 17. — *Viola Cuculata Alba.*

de ces racines ressemblant à de petits trognons, au
tronc noueux rassemblés l'un près de l'autre et formant ainsi, une espèce de bulbe, d'où le nom de
violette « Tubéreuse » donné par quelques personnes.

La multiplication en est très facile, car ces plantes
n'émettent ni filets ou stolons bien caractérisés ;
nous n'avons donc qu'à diviser nos touffes en trois

ou quatre touffes plus petites avec la pointe d'une spatule quelconque, afin de ne pas écorcher, ni égrener les racines. Une fois nos divisions faites, nous n'avons qu'à planter à la houlette comme toute autre espèce de plantes.

Comme ces variétés sont tardives et que nous n'avons pas la prétention de les relever pour les mettre sous châssis, nous tâcherons de les planter en place définitive, soit en bordure, soit en planches, ou bien encore en garniture de massifs, n'importe où, pourvu qu'elles ne soient pas dérangées au moment de leur floraison.

Quoique très vivaces, ces violettes sont à feuillage intermittent, croissant dès le printemps en formant de très belles bordures pour disparaître à l'automne. Nous devons donc prendre nos précautions pour parer à ce manque de verdure pendant l'hiver. Quant aux soins à donner, ils sont encore plus simples que pour les variétés odorantes ; une fois divisées et plantées en place, il n'y a plus qu'à les tenir propres pendant toute l'année ; jusqu'à ce jour, nous n'avons pu multiplier que la Blanche par semis (voir page 104 pour la multiplication des jaunes).

CHAPITRE XI

LES VIOLETTES SIMPLES ODORANTES DANS LA SAISON D'HIVER, LEUR FORÇAGE, LES SOINS A LEUR DONNER.

Nous nous sommes occupés dans le chapitre pré-cédent de multiplication et de la façon de faire pousser les violettes ; nous voici à l'automne avec de belles et bonnes touffes de l'année prêtes à donner une belle floraison puisqu'elles sont jeunes.

Pour celles que nous avons plantées en bordure, il n'y a rien à en faire qu'à en jouir selon les caprices du temps. Pour celles qui sont en planches dans le potager, si nous n'avons pas de châssis ni de places abritées, nous serons bien forcés de faire comme pour les bordures. Cependant, comme les bonnes races fleurissent déjà depuis septembre et donnent en octobre et novembre, nous devons chercher à faire un petit sacrifice pour que notre arrêt de floraison soit le moins long possible, et, comme ce qui était impossible pour les bordures est possible pour les planches où elles sont rassem-blées, nous jetterons dessus, au moment des plus grands froids de l'hiver, quelques brassées de pailles ou de foin, léger, afin d'éviter que les givres, les verglas ne leur coupent le feuillage. Si nous avons une couche de neige sur terre, inutile de couvrir, car la neige dans ce cas est une protectrice suffisante ; aussitôt l'hiver passé, nous découvrons ; nos violettes reprennent sève et continnent leur floraison durant tout le printemps.

Dans d'autres cas, si nous disposons de matériel, c'est-à-dire de quelques châssis et qu'il nous soit demandé des violettes tout l'hiver, nous serons obligés de les rentrer sous châssis, ce qui est facile à faire, car, comme nous savons que nos violettes ont été bien soignées, effilées en temps utile, nous n'avons qu'à prendre nos belles touffes et à les planter sous châssis.

Avant de faire cette plantation, il y a bien quelques petites préparations à faire, et, comme c'est pour la saison d'hiver, nous avons soin de tourner nos châssis le bas vers le midi avec une très bonne pente de façon que les rares rayons solaires viennent frapper nos vitres. Ceci fait, la terre dans ces coffres sera bien allégée, et rendue bien menue, par une addition de terreau ou de sable, selon la condition où la terre se trouve au moment où nous la travaillons. Puis elle sera bien divisée dans les coffres, où nous la rendrons bien plane ; je dis plane, mais j'ajoute qu'on devra donner à la terre presque la même pente qu'aux châssis afin de laisser les plantes jouir des quelques rayons de soleil. Une fois ces petits apprêts terminés, nous planterons ; toutefois, si nous devons fournir des violettes pendant toute la saison il faudra faire un choix judicieux de nos variétés.

Les variétés *Semprez*, *Quatre-saisons* ordinaire, le *Lilas*, *Souvenir de Millet père*, feront les frais du plein hiver ; *Gloire de Bourg-la-Reine*, *Princesse de Galles*, *Dibowski* viendront ensuite ; enfin *Amiral Avellan* et le *Czar* succéderont tout en précédant celles de pleine terre. Nos choix établis nous planterons 45, 56 ou 64 touffes par châssis (1) suivant la force (on peut même mettre davantage si l'on veut). Au préalable les violettes sont arrachées avec une belle motte, les vieilles feuilles ainsi que les jeunes sont ôtées, puis munies d'une petite houlette, elles seront définitivement plantées.

Ainsi travaillées on les recouvre avec les châssis et un bon paillasson par-dessus s'il fait froid, et nous sommes assurés d'une bonne floraison pendant l'hiver. Mais me dira-t-on, si le froid est très vif, comme nous avons organisé notre plantation en pleine terre simplement en coffret et en châssis, nos plantes gèleront ?

Cela est vrai ; mais, puisque j'ai parlé de chauffer, je vais m'expliquer :

En réalité les violettes ne demandent pas de chaleur, et la chaleur par le feu et l'eau ne leur convient pas ; du reste plus loin je dirai un mot sur les violettes en serre ; mais, pour l'instant, revenons au travail pratique, à celui qui peut faire donner beau et beaucoup à peu de frais, ce qui est facile à faire pour les violettes.

Comme je le disais, elles n'aiment pas beaucoup la chaleur, et il suffit d'avoir de chaque côté du coffre la place pour faire un petit réchaud en terre, à la profondeur de deux fers de bêche. Lorsque les sentiers autour de notre coffre seront ainsi creusés, nous les remplirons de feuilles ou de fumier de cheval bien tassé, et cela produira un petit échauffement

(1) Je parle ici de châssis ordinaires de couche ; celui qui est le plus usité à Paris a 1 m. 40 de long sur 1 m. 30 de large ; toutes proportions doivent être gardées si les châssis sont plus ou moins grands.

général de la terre et des plantes qui suffira pour entretenir nos violettes en pleine activité. Si l'hiver persiste, aux grands froids, nous renouvellerons ce chauffage en rapportant quelque peu de fumier ou de feuilles fraîches qui seront de nouveau mélangés et bien foulés dans le sentier qui continuera de retenir la petite chaleur douce demandée par les violettes.

Quant aux violettes de seconde et de troisième saison, un paillasson sur les châssis suffira dans les grands hivers. Il pourrait arriver qu'elles gelassent même couvertes ainsi, mais cela ne fait rien du moment où la gelée et la neige ne portent pas dessus.

Aussitôt le temps doux revenu, elles reprennent sève et se mettent à fleurir tout le printemps.

Traitées et chauffées ainsi, le résultat doit être satisfaisant.

Outre l'action de couvrir et de découvrir journellement, je n'ai pas indiqué beaucoup de travaux d'entretien journalier pendant ce long espace de temps. Il n'y en a, en effet, que très peu à faire et le voici en quelques lignes.

Une fois cette bonne plantation de mise en place faite, on devra arroser copieusement, deux arrosages au moins qui serviront autant à laver le feuillage qu'à mouiller ; puis, quand le temps est doux, il faudra toujours donner grand air aux châssis pour que les violettes ne s'étiolent pas et que les boutons à fleurs n'avortent pas, ce qui arrive quelquefois. Quand on chauffe trop fort, les feuilles poussent vert tendre, très tirées, et les quelques boutons prêts fleurissent ; les suivants avortent et restent dans les cœurs, ce qui termine la récolte prématurée. C'est assez facile à éviter avec un peu d'expérience, et, étant donné que l'on sait que les violettes ne **désirent pas de** grandes chaleurs, nous ne les pousserons donc dans ce sens qu'autant que la saison nous y contraindra. En résumé, il faut beaucoup de lumière (plantation très près des vitres), beaucoup d'air et une toute petite température. Il y a aussi une petite opération à faire au moins deux fois pendant la saison florale : nous savons tous que, quoique les violettes soient vivaces et aient des feuilles persistantes, elles perdent des feuilles de temps en temps ; ainsi un mois après la mise en place sous châssis, l'effet du déplantage fait jaunir pas mal de feuilles. Il serait donc bon de les retirer, car cela donne de l'air entre nos plantes et entretient leur bonne végétation. Dans bien des années, cette opération doit être renouvelée deux fois.

CHAPITRE XII

CHAUFFAGE DES VIOLETTES DE PARME, DES SERVICES QU'ELLES PEUVENT RENDRE

Tout ce qui a été dit pour la mise en place des violettes simples odorantes peut s'appliquer aux Parmes, avec quelques nuances toutefois. Nous savons que les violettes de Parme sont un peu plus délicates, nous agirons donc en conséquence. La terre pour cette mise en place à demeure sera très légère, plus sableuse si on le peut, et la plantation (1) devra s'en faire un bon mois plus tôt que les violettes ordinaires.

On peut donc planter à partir du premier Octobre; les Parmes sont les violettes de châssis par excellence, et n'aiment pas beaucoup les gelées; on pourra aussi planter plus de touffes par châssis, et, au lieu de soixante au plus, on pourra mettre de quatre-vingts à cent (par exception il y a des terrains sableux tourbeux où les violettes de Parme font rage, deviennent très fortes, où il n'en faudrait mettre que

---

(1) Cette plantation de Parmes, devra presque toujours se faire en motte, j'ai acquis l'expérience même encore ces dernières années du résultat comparatif; cette plantation en motte n'avait pas d'arrêt, ne souffrait pas et, par ce fait, ne moisissait pas pendant la saison d'hiver; celles qui étaient plantées à racines nues subissaient un arrêt forcé et, dans les mois suivants, s'en ressentaient beaucoup; cet exemple s'est produit chaque fois que j'ai fait des essais comparatifs.

60 à 70 sous peine de faire du fouillis dans les châssis), selon la force, et toujours très près des verres, de 0 m. 10 à 0 m. 15 centimètres pas plus.

Un bon arrosage aussitôt la plantation et nous serons tranquilles pour un bon mois.

Fig. 18. — Violette de Parme de *Toulouse*. Parme améliorée.

Toutes les Parmes, se prêtent très bien au forçage, sous le climat du centre de la France, et il est même nécessaire de le faire pour avoir le maximum de récolte.

Marie-Louise et *Comte de Bazza* seraient les deux variétés les plus difficultueuses; *Marie-Louise* surtout, dont le feuillage est un peu plus tendre que celui des autres variétés, est plus sujette à moisir, principalement à Paris surtout si elle n'est pas plantée avec grand soin et si elle se ressent de cette transplantation. Quant à la variété *Comte de Brazza* elle croît et se laisse chauffer très bien; mais, étant plus tardive par nature, elle donne moins abondamment en novembre et décembre.

Pour le chauffage nous opérerons comme précédemment et nous creuserons autour de nos coffres pour établir nos réchauds seulement ils seront un peu plus sérieusement faits, un peu plus grands, et, comme les Parmes aiment la chaleur, cela ne peut leur déplaire. Par exemple, si nous avons un automne extrêmement doux, alors nous aérerons en grand, et nous ôterons même les châssis au besoin, momentanément bien entendu. Si par contre le temps est rude, nous renouvellerons nos sentiers tous les mois afin d'y entretenir la chaleur.

Conduites ainsi, les violettes de Parme peuvent et doivent même nous donner des fleurs pendant sept mois consécutifs ; elles ont encore un avantage incontestable, c'est que beaucoup de personnes, n'habitent pas la campagne l'hiver et cependant veulent jouir de leurs violettes de Parme. Or, outre la cueillette des fleurs que l'on peut faire chaque semaine, On peut encore se faire empoter cette charmante fleur, et cela une dizaine de jours avant de les prendre et de s'en servir.

Avec quelques pots on pourra embaumer et orner sa demeure, avantage réel pendant la saison d'hiver.

Quoique cela ne soit plus guère usité maintenant, je dois citer un petit travail des Parmes qui fut encore exécuté assez longtemps par les jardiniers de maison et les horticulteurs, et qui, soit dit en passant, donnait de fort beaux résultats ; les violettes étaient plus fortes, les fleurs plus grosses et plus grandes, seulement la quantité en était bien moindre par châssis ; c'était ce que l'on appelait chauffer sur place. Voici en quoi consistait ce travail : au prin-

temps on préparait des planches de terre de la largeur des coffres puis l'on plantait à sept et huit rangs
de manière à avoir de 56 à 64 plants par châssis;
tout l'été les soins indiqués précédemment leur
étaient donnés, puis à l'automne le dernier effilage
terminé, au lieu d'arracher les plants, on transportait
les coffres et châssis dessus, de sorte que les plants
ne subissaient aucun arrêt, aucun retard.

On chauffait ensuite par les sentiers absolument
comme quand on arrache les plants et le résultat flo-
ral était bon et beau; ce qui l'a fait abandonner, du
moins par les horticulteurs, ce sont les non-réussites
à l'élevage des plants. En effet, il arrivait souvent
qu'il manquait beaucoup de plants par chaque
châssis, et alors il fallait remplacer, ce qui était peu
pratique, ou bien les touffes, n'étant pas assez fortes,
n'emplissaient pas le châssis qu'il fallait chauffer
tout de même. Ce n'était pas pourtant la seule
cause du délaissement de ce mode de culture.
D'année en année la vente des Parmes en pots s'ac-
centuait; or celles qui avaient été contreplantées à
l'automne se prêtaient mieux à l'empotage et n'en
souffraient pas, tandis que celles qui étaient restées
sur place et nanties de vieilles racines ne s'y prêtaient
pas du tout; toutefois dans les maisons particulières,
où les Parmes croissent bien et où elles sont cultivées
exclusivement pour la fleur, j'en conseillerais encore
le travail qui est très simple et peu coûteux.

CHAPITRE XIII

CHAUFFAGE DES VIOLETTES DE PARME ET DES VIOLETTES SIMPLES

Par les spécialistes dans les environs de Paris.

Le travail et l'élevage des violettes de Parme tant simples que doubles est à peu près le même partout. Dans le centre et le nord français, à l'étranger, il est négligé à moitié ou tout à fait, et les quelques établissements qui tentèrent de se monter n'ayant pas les principes ni les matériaux pour le faire bien, s'arrêtèrent après quelques essais infructueux ; jusqu'à ce jour l'Étranger est tributaire des marchés parisiens et du Midi ; l'Angleterre, la Belgique, l'Allemagne, l'Autriche et la Russie même, achètent ces fleurs à la France soit à Paris, soit en Provence.

Aux environs de Paris, ce sont des spécialistes qui font ce travail, tellement spécialisé, que ceux qui font les violettes de Parme ne font pas les violettes simples (1) et vice versa ; plus de vingt mille

(1) A propos de violettes simples, les lecteurs pourront se demander pourquoi je parle toujours des violettes simples et des violettes de Parme, et dans la culture jamais des doubles ; la raison est logique : c'est que l'on n'en cultive pas, car, les violettes à fleurs doubles autres que les Parmes ne sont pas goûtées comme fleurs cueillies en faveur ; bien des fois de petits essais ont été tentés mais sans résultat.

Pourtant un village des environs de Paris, nommé Chevreuse, a, pendant bien des années, fourni des violettes doubles à Paris,

châssis sont encore actuellement occupés au forçage des Parmes à Paris, et cela malgré les apports du Midi, qui diminuent fortement les bénéfices des cultivateurs parisiens. Sans l'écoulement de toutes leurs violettes vendues en pots, ils ne pourraient pas soutenir la concurrence.

Je parlerai, au chapitre suivant, de la culture des violettes en pots.

Ne voulant pas retourner en arrière puisque l'élevage des violettes est le même à peu près partout, surtout chez le praticien, je ne parlerai pas de l'élevage ; mais je dois dire que, vu les grandes quantités qu'ils en cultivent, elles sont toutes élevées en dehors des jardins où elles sont l'objet de soins journaliers, surtout pour les effilages qui sont exécutés seulement pour deux causes principales : la première c'est qu'on a besoin des plants pour l'année suivante, la deuxième c'est qu'un plant bien débarrassé de ses filets est bien plus propre à faire des plantes en pots.

Aussitôt toutes ses violettes mises en place, rassemblées au siège de son établissement, opération qui doit être finie vers le 1ᵉʳ novembre au plus tard, le bon cultivateur commence à chauffer immédiatement tous ses sentiers entre ses châssis qui ont été agencés de façon à avoir de 45 à 50 centimètres de largeur et autant de profondeur. Ils sont remplis de fumier de cheval, de sorte qu'un carré de châssis de

des blanches et des bleues doubles, non pas pour la fleur coupée mais pour les plantations de petits jardins ; elles étaient conduites en petites mottes dans des claies qui en contenaient 25 ou 30 ; aujourd'hui ce travail est presque nul, non pas qu'elles ne soient demandées au printemps, mais, au dire des cultivateurs de la contrée, les violettes n'y croissent plus suffisamment. En résumé voilà tout ce qui était cultivé de violettes doubles sous le climat de Paris, encore était-ce tout simplement en pleine terre.

500 à 600 châssis et même plus, ne présente après l'opération du remplissage (chauffage) qu'une surface plane ne donnant pas beaucoup de prise au froid; il suffit, après, de couvrir d'un ou deux paillassons, suivant les degrés de froid des hivers plus ou moins rigoureux, puis un remaniage des sentiers toutes les trois semaines. On ajoute un peu de fumier nouveau et chaud qui active la continuité de la petite chaleur jusqu'à la fin de l'hiver, instant où l'on s'efforcera d'empoter et de vendre ces violettes.

J'ai parlé des soins dans les petites cultures, des soins hygiéniques à donner, ils sont les mêmes pour les grandes cultures; cependant on donne moins d'air voulant conserver autant que possible la chaleur, en allant plus vite.

Pour ce qui est des spécialistes de violettes à fleurs simples leur nombre tend plutôt à diminuer qu'à augmenter surtout dans le centre et les environs de Paris ; l'influence de la fleur du Midi s'étant encore plus fait sentir sur ce genre de culture en faisant une concurrence redoutable à la vente de leurs fleurs, les hauts prix ne s'obtiennent plus; 4 et 5 francs sont les plus hauts cours obtenus pour les gros bouquets plats de violettes à fleurs simples, tandis qu'il y a une dizaine d'années on obtenait jusqu'à 7 et 8 francs. Ces diminutions de prix, en réduisant les bénéfices, rendent presque la concurrence impossible ; aussi, de 25 à 30,000 châssis occupés à cette culture, 15 à 18,000 seulement la suivent actuellement.

Les horticulteurs et cultivateurs qui font ce genre, traitent absolument les violettes simples comme les Parmes, elles sont presque toutes élevées en dehors des jardins, puis apportées sous châssis à l'automne un peu plus tard que les Parmes et le chauffage en est moins sérieux, étant donnée sa floraison plus active que les Parmes dans le plein hiver qui permet de suivre les évolutions des frimas ; ainsi, si l'hiver est doux on chauffera un peu, si par contre l'hiver est rude, on activera les sentiers pour obtenir plus de

Fig. 19. — Violette *Luxonne*.

chaleur, pour ne pas avoir d'interruption dans la cueillette.

Les variétés employées pour ces différents chauffages ne sont pas nombreuses ; jusqu'en 1870, on employait les violettes de quatre-saisons hâtives ; depuis on a cultivé deux varités : la violette de *Quatre-Saisons Semprez*, puis vers 1873 beaucoup adoptèrent le *Czar* vulgairement appelée la *Russe*. Depuis cette époque, ces cultures n'ont pas changé de variété, et aujourd'hui encore, elles sont le principal appoint de ces cultures. Pourtant, je dois noter que depuis trois ans quelques horticulteurs ont ajouté la variété à grandes fleurs *Luxonne* (fig. 19) à leur travail ; la variété *Princesse de Galles* est également entrée dans quelques établissements, et j'espère qu'il va en être de même aussi de l'*Amiral Avellan* et de quelques autres violettes très belles.

Dire que ces superbes variétés vont rendre l'essor à cette culture toute parisienne, je ne pourrais l'affirmer ; cependant elles vont permettre de lutter avec des chances égales en fournissant des bouquets de fleurs extra, permettant d'en demander des prix rémunérateurs.

CHAPITRE XIV

DES VIOLETTES DE PLEINE TERRE, LEUR CULTURE, LEUR ÉVOLUTION

Comme celles de châssis, la culture de pleine terre est bien atteinte par sa rivale du Midi, et force a été de chercher à atténuer les causes du mal par le changement de variétés.

Ainsi les cultivateurs d'il y a seulement une dizaine d'années, cultivaient les quatre-saisons ordinaires et les quatre-saisons *Semprez* pour la saison d'hiver. Quoique pas abritées, ils cherchaient néanmoins à en avoir le plus possible ; si l'hiver était doux, ils en profitaient et faisaient une bonne campagne. Si, par contre, il était dur et rigoureux, l'élévation du prix des quelques bouquets les tirait d'affaire ; aujourd'hui il n'en est plus de même, et ces mêmes bouquets de violettes imparfaites (puisqu'elles n'étaient pas abritées) ne se vendent plus et la rivale du Midi est dans sa splendeur.

Dès lors, les cultivateurs ont cherché autre chose. Or, ayant remarqué que les violettes du Midi arrivent toutes frisées et en mauvais état dans l'automne, quand il fait encore doux, et de même dans les chaleurs du printemps, pour profiter de l'inconvénient de leur rivale, ils cherchèrent à acquérir une espèce qui, tout en étant quatre-saisons tout de même, donnât principalement deux bonnes saisons, une à l'automne et une autre au printemps. A force de sélections ils y sont arrivés, de sorte que les cueillettes d'hiver sont presque nulles, et qu'en revanche celles d'automne et du printemps sont supérieures. Ceci a entraîné fatalement la perte de ces cultures de violettes *Quatre-Saisons hâtives* et *Semprez;* quelques hectares çà et là de *Russe* et c'est tout ce qui reste des variétés de ces années passées.

En remontant à une trentaine d'années en arrière, nous aurions trouvé le gros de ces cultures à Fontenay-aux-Roses, à Sceaux, surtout à Verrières et enfin à Palaiseau. Aujourd'hui, toutes ces communes en cultivent bien encore, mais beaucoup moins; le centre s'est déplacé et il faut passer Palaiseau pour trouver la grande culture; Marcoussis et ses environs en sont couverts, plus de cent hectares en sont cultivés; vers la fin de l'Empire 1867, il y en avait au bas mot deux cents hectares.

La culture de ces violettes est des plus simples; là on ne pratique pas l'effilage, et la multiplication des plants se fait par la division des touffes, qui ont donné.

Tout bon cultivateur ne laisse ses violettes donner qu'une saison, de septembre à avril, et quand par hasard les touffes ne sont pas venues fortes, il les laisse deux campagnes. A cet effet, il leur fait subir la petite opération suivante : quelque temps après la fin de la cueille, vers la mi-mai, armé de serpettes il coupe les filets, diminue les touffes et les réduit à 5 ou 6 cœurs; après quoi elles sont traitées comme de nouvelles plantées.

Pour faire les plantations de ces violettes, de grandes pièces de terre sont labourées profondément :

un grand fer de bêche (1) puis un bon petit fumage même, dessus ou enterré au fur et à mesure du labour ; ces travaux sont suivis d'un hersage à la main avec la fourche crochue (2). La pièce est alors divisée en planches d'un mètre de large, formées elles-mêmes de quatre rangs ; les sentiers ont 60 centimètres, ce qui les réduit quand les touffes et feuilles sont grandes, à 40 centimètres de largeur, ce qui n'est pas de trop pour l'exploitation.

Les planches tracées de la sorte, on procède à la plantation, et les touffes de l'année précédente, ayant été arrachées, sont divisées par 1 ou 2 cœurs ; après quoi ces divisions sont plantées au plantoir à 30 centimètres l'une de l'autre et le plus gros du travail est fait ; un sarclage un mois après, puis deux binages dans le courant de l'été, et nous arrivons en septembre, commencement de la cueillette.

A propos de cueillette, je dois dire que, si la culture des violettes se déplace, change de pays, il en est de même de l'exploitation de la fleur ; ainsi, quand c'était Verrières les Buissons, Fontenay, Sceaux, etc., qui tenaient la tête de cette culture, les cultivateurs confectionnaient des bouquets uniformes pour la vente en gros ; c'était une sorte de gros bouquet contenant de 250 à 300 petites fleurs de violette entourées de quelques feuilles.

(1) Je dis fer de bêche, c'est pour en indiquer à peu près la profondeur, car les cultivateurs de la plaine ne se servent jamais de la bêche, ils font ces petits défonçages avec une houe, outil semblable à un crochet plat, seulement très recourbé et à manche fort court.

(2) Nos cultivateurs des environs de Paris se servent d'un gros râteau de fer à six dents, qu'ils appellent vulgairement galère ; cet outil fait un travail plus fin que la fourche crochue et remplit un double but, celui du hersage et celui du râtelage ; c'est très pratique pour la culture des champs.

Le prix en était bien variable, de 25 centimes au printemps quand elles étaient communes, à 4 francs dans la saison d'hiver. Aujourd'hui, le cultivateur ne fait presque plus de ces gros bouquets, et fait lui-même les petits (sorte de boutonnière) qui sont vendus de 5 à 25 francs le cent, et quand ce dernier prix est dépassé, alors on revient à la fabrication des gros bouquets.

Cette année, printemps 96, l'hiver très doux que nous venons de subir a été favorable à la culture de pleine terre; aussi, était-ce par centaines de mille que les petits bouquets arrivaient aux halles venant de Marcoussis et ses environs, un train complet de six wagons descendait chaque matin au marché parisien.. C'est un spectacle tellement inattendu, que l'étranger, qui débarque à Paris pour la première fois, est émerveillé de voir cette quantité de petites voitures de violettes sillonnant la grande ville en tous sens, laissant derrière elles un parfum des plus doux (juste compensation des odeurs de Paris). Quoi qu'il en soit, ces jours d'encombrements floraux, s'ils sont agréables pour la grande ville et ses consommateurs, ne le sont pas pour le producteur; j'ai vu de mauvaises journées de vente les prix s'abaisser jusqu'à 3 francs le cent, c'était à peine le prix de fabrication des petits bouquets.

Les violettes de grande culture ne sont généralement pas paillées; pourtant je dois signaler quelques cultivateurs qui, en guise de paillis, jettent pour passer le milieu de l'année sèche, du fumier réduit sur leurs champs de violettes, mais en tout cas ce sont là des exceptions.

CHAPITRE XV

ESSAIS DE CULTURE A LA CHARRUE
AUX ENVIRONS DE PARIS

Culture dans le Midi et dans les villes
de province.

Il y a une vingtaine d'années, les violettes de pleine terre ont eu si grande vogue, que quelques cultivateurs en essayèrent la culture à la charrue; mais ce furent plutôt des essais qu'une culture régulière, car la différence consistait simplement en ceci : au lieu de faire le défoncement à l'outil, on le faisait à la charrue, puis les violettes étaient plantées seulement sur trois rangs rapprochés les uns des autres ; les trois rangs n'occupaient pas plus de 75 centimètres de large, et, quand les violettes végétaient parfaitement, les touffes se touchaient et formaient un immense tapis ; les sentiers étaient tenus plus larges pour permettre aux sarcleuses et aux herseuses de passer pour l'entretien de ces espaces. Quant aux milieux des planches, ils n'étaient entretenus qu'à la main.

Comme on voit, le travail du cheval ne rendait pas de grands services, et il ne servait en somme qu'à l'entretien des sentiers et qu'aux labours, ce qui, pour un plant difficile à reprendre, ne valait pas les labours à la main.

Quoi qu'il en soit, les services rendus par ce travail ne furent pas jugés assez rémunérateurs, et après quatre ou cinq ans d'études infructueuses, ce genre de culture fut abandonné.

Parlant de culture, je ne puis cependant pas passer sous silence les cultures du Midi, berceau ancien des violettes doubles et actuellement un des plus grands centres de cette culture, menaçant sérieusement de ruiner ses rivaux.

De culture spéciale il n'y en a pas dans le Midi. Dans les temps reculés on plantait les violettes pour 6 et 8 ans, les planches étaient tapissées de filets et on cueillait ce qui venait ; lorsque les violettes cueillies pour l'exportation (fleurs coupées) se jetèrent dans la mêlée, on commença à renouveler les plantations plus souvent pour avoir des fleurs plus grosses, des pédoncules plus longs. Bref, depuis seulement quelques années beaucoup les cultivent comme il a été dit pour les cultivateurs parisiens, et beaucoup d'exploitations sont faites d'ailleurs par des personnes venues de Paris. Quelques-unes même, pour ne pas avoir d'arrêt dans la récolte, commencent à les abriter et à en mettre sous châssis, à froid simplement : car c'est suffisant pour le climat.

Dans toutes les villes de province de France un peu importantes, les violettes sont cultivées assez bien en général, parce qu'elles y sont traitées par les fleuristes pour avoir quelques fleurs d'hiver, les unes tout simplement sous châssis, les autres chauffées par les sentiers selon leur besoin. Je dois ajouter que bien souvent ces jardiniers cultivent les deux sortes simples odorantes et les Parmes.

Ces dernières font l'objet d'un grand commerce d'exportation à Toulouse, où elles croissent fort bien, elles y sont travaillées comme à Paris ; mais, mises sous châssis à froid seulement, elles donnent des résultats splendides, la fleur cueillie sans pédoncules est travaillée par les confiseurs.(Voir note.)

J'ai dit précédemment que le nord de l'Europe était tributaire de la France pour les violettes ; il n'en est pas de même des puissances du Sud ; l'Espagne, l'Italie et la Turquie n'en exploitaient pas, ou simplement quelques-unes qui poussaient à l'état sauvage. Il n'en est plus de même aujourd'hui ; la culture des violettes est en grand honneur dans ces trois puissances ; c'est par milliers que Paris leur en exporte des plants des plus nouvelles variétés qui, travaillées dans les principes de la mère patrie, font de rapides progrès.

CHAPITRE XVI

CULTURE DES VIOLETTES DANS L'AMÉRIQUE DU NORD. ÉTATS-UNIS.

A propos de progrès je ne puis terminer l'exposé des cultures de ces différents pays sans parler de l'Amérique, tout au moins de l'Amérique du Nord (États-Unis).

Il y a quelque vingt ans les violettes n'étaient pas ou peu cultivées aux États-Unis. Seuls quelques horticulteurs travaillaient les violettes, non pas spécialement, mais dans les serres, avec d'autres plantes tenues trop chaudement et en pots. Elles ne donnaient que de maigres résultats ; les violettes les plus goûtées étaient les doubles, entre autre la Parme *Marie-Louise ;* les violettes simples y étaient si mal vues que plusieurs horticulteurs de ces pays, de passage en France et à qui j'offrais de nos belles violettes simples, me répondaient : Nous en prendrions bien, mais nous ne les vendrions pas.

Aujourd'hui les choses sont bien changées ; une demi-douzaine de cultivateurs hardis, dont cinq Français, ont mis ce travail en grand honneur et vulgarisé nos belles variétés ; deux de ces cultivateurs en font un grand commerce, l'un d'eux, J. L. Desroches, a établi de grandes cultures à San-Francisco, mais sa vente est encore limitée par l'absence de grands centres ; l'autre plus heureux est un nommé François Supiot à Philadelphie ; là il a établi d'immenses cultures de violettes d'où il les expédie et fait vendre à Washington, Baltimore, New-York, etc., où il trouve un débit fort lucratif. Faisant le contraire de ce que font les cultivateurs de là-bas, il ne cultive et ne vend que des violettes simples. Je ne cite que ces quelques cultivateurs, parce qu'ils ont mis cette culture sur un grand pied, surtout au point de vue de la fleur coupée. Beaucoup d'autres horticulteurs s'en occupent aussi, mais comme vente seule ; je dois dire aussi que les Sociétés d'horticulture et d'agriculture même de l'État n'y sont point indifférentes, et ces diverses Sociétés ont échangé avec moi, dans le cours de 1895, une assez volumineuse correspondance à ce sujet.

Quant aux cultures, quoique faites à l'instar de la France, elles sont un peu différentes ; ainsi celles de San-Francisco sont établies dans les terrains les plus froids et les plus frais, pour obvier au passage de l'été qui est dur pour les violettes ; inutile de dire qu'elles sont toujours cultivées et restent en pleine terre où la saison d'hiver leur est très favorable ; à Philadelphie, il n'en est pas de même ; les hivers y sont très durs et il faut donc tout au moins se servir d'abris ; dans ces dernières années, les Américains se sont mis à abriter avec des châssis.

Je ne doute pas que d'ici quelques années, cette culture n'égalera celle de la France, étant donné le tempérament des Américains ; je dois d'ailleurs rendre justice à ces amis d'outre-mer, qui ne négligent rien pour atteindre le succès. Presque tous les ans, quoique cela soit onéreux, ils font le voyage de France pour se rendre compte des travaux, des améliorations et des variétés que le cours du temps modifie.

CHAPITRE XVII

CULTURE EN POTS ; COMMENT ELLE SE PRATIQUE ?

Je ne puis passer en revue les divers modes de culture, sans en citer quelques-uns ; la culture en pots des violettes est du nombre. Si je persistais à dire qu'elle n'est pas cultivée en pots, je trouverais bien des incrédules qui me diraient : « Mais d'où viennent donc ces mille et mille pots de violettes de Parme vendus journellement dans Paris et dans les grandes villes ? » Et voilà le petit secret : elles ne sont pas cultivées en pots, elles y sont mises pour être vendues et voici comment.

J'ai dit dans la culture des violettes de Parme, qu'elles étaient assez lucratives à travailler, et que l'on en tirait partie de deux manières : la première avec les fleurs coupées jusqu'au mois de mars, puis, la seconde avec les pots : quand le cultivateur voit que ses touffes sont épuisées, qu'elles n'ont plus qu'une quantité suffisante de boutons pour les orner, il choisit ce moment pour les empoter ; chez tous les bons travailleurs, ces touffes de violettes de Parme sont bien faites, propres, dépourvues de filets. Comme il a été dit dans la culture, elles sont excessivement propres à mettre en pot. Pour cela ils laissent une bonne quantité de fleurs arriver à épanouissement complet ; alors rassemblant quatre touffes, car les violettes de Parme ne sont jamais très fortes, ils les empotent dans des petits pots à rebord, de 12 à 13 centimètres de diamètre ; ils réunissent les violettes empotées ainsi sous des châssis où on les tient un peu étouffées pour redresser le feuillage et les fleurs que la façon de l'empotage aurait pu froisser ou renverser. On obtient ainsi de jolies potées de violettes qui sont généralement vendues huit jours après la mise en pots. Aussi procurent-elles souvent des déboires aux personnes qui les achètent, en ne durant pas assez longtemps en appartement et ce pour deux raisons : la première, c'est qu'elles n'ont pas le temps de faire leur reprise dans le pot ; la deuxième, c'est que rarement elles y vivent ; elles ne le pourraient pas, elles sont trop étouffées, trop pressées dans le pot.

Le cultivateur n'a qu'un but : rassembler beaucoup de fleurs pour que cela fasse de l'effet, il faut que cela flatte l'œil de l'acheteur, tout est là ; après comme après.

Aussi entend-on souvent dire : « C'est singulier chez nous, nous ne pouvons avoir de si belles potées de violettes que celles que nous vendent les fleuristes de Paris ». C'est vrai, mais aussi en revanche, si l'on n'a que 9 ou 10 fleurs à la fois au lieu de 50 à 60, la plante dure bien plus longtemps. Sur ce sujet, il faut que je fasse un pas en arrière. Quand j'ai parlé des cultures des violettes, j'ai déclaré qu'elles ne se cultivaient pas en pots, le fait est réel.

Quand il s'agit d'obtenir des résultats pratiques, des récoltes normales très belles, il faut disposer de châssis, en faire cultiver une certaine quantité, mais ce n'est pas le cas de tout le monde : beaucoup de personnes n'ont pas de châssis, et par contre, elles ont une petite serre froide ou chaude, dans laquelle il y a en plantes d'hiver des cyclamens, des cinéraires, etc. Souvent on désirerait y avoir des violettes, ne serait-ce que dans le but d'avoir de temps en temps, quelques fleurs pour embaumer les appartements.

Or, rien n'est plus facile ; nous élèverons des violettes comme tout le monde en plein jardin, aussi bien effilées surtout. Puis, le 15 octobre arrivé, nous les empoterons, mais pas comme pour vendre ; nous metrons seulement une belle touffe ou deux moyennes.

Cet empotage exécuté dans une bonne terre saine en pots à rebord de 13 à 14 centimètres, nous porterons nos plantes à l'abri du gros temps, c'est-à-dire au pied d'un mur, pour leur donner le temps de faire une reprise lente et assurée.

Si ce sont des violettes simples que nous cultivons, nous ne les rentrerons dans notre serre qu'au moment des gelées; si ce sont des violettes de Parme, nous les rentrerons aussitôt le 15 novembre.

Nous avons à prévoir le cas où nous aurions affaire à une serre un peu chaude, c'est le plus difficile. Il faut, si cela est possible, choisir l'endroit le plus froid, le plus aéré et mettre très près des vitres ; si ces petites observations ne sont pas suivies à la lettre, nos violettes entreront immédiatement en sève et pousseront des feuilles tendres et adieu boutons et fleurs.

En serre froide. en plaçant toujours près de vitres et en observant les mêmes principes, on a beaucoup plus de chance de réussir, les violettes se trouvant dans leur milieu.

J'ai fait et vu beaucoup de petites cultures de ce

genre donnant satisfaction à leurs amateurs, mais toujours j'ai constaté une décoloration de la fleur. Par contre le parfum était plus prononcé. Je con-

Fig. 20. — Violette *Armandine Millet*. Variété à fleur bleue, feuillage panaché blanc.

seille aussi l'empotage de quelques plantes de V. *Armandine Millet*, surtout en petits pots, où elle forme une délicieuse petite plante fleurie comme le montre notre gravure.

CHAPITRE XVIII

RÉCOLTE DES GRAINES,
SEMIS, DIFFÉRENTS PROCÉDÉS POUR OPÉRER

La récolte des graines de violettes n'est pas difficile, cependant, il est bon d'y être préparé ; elle s'effectue à deux époques, au printemps, et à l'automne.

A l'automne, au moment où les plantes commencent à former des fleurs convenables, visibles (1) à cet instant seul, la fécondation a lieu, dans le plein de l'été, les organes des fleurs sont si faibles, qu'ils ne donnent aucun résultat ; la récolte des capsules d'automne peut durer, du 15 septembre au 15 novembre, suivant les variétés.

Au printemps, le même effet se produit, mais en sens inverse, les fleurs parfaites d'hiver sont trop imprégnées d'humidité, la grande sève et le froid, nuisent à la fécondation, elle n'a de succès qu'au déclin de la floraison de chaque variété, aidée de la température printanière. Pour mener à bien cette récolte de graines qui peut se faire de fin mars à fin mai, il faut suivre avec attention la maturité des

(1) *Je dis visible* avec intention, j'ai remarqué souvent que les violettes ne cessent jamais de fleurir ; elles émettent continuellement pendant l'été, de très petits pédoncules, très fins, à peine visibles, ornés de semblants de corolles dépourvus de calice de pétales.

capsules, qui, n'étant pas prises à temps, projettent
immédiatement les graines autour de la plante mère;
la moisson de nos graines terminée, la plupart de
nos capsules, se sont ouvertes dans les récipients
où nous les avons mises pour les sécher. Nous n'a-
vons donc plus qu'à les tamiser, pour les débarrasser de leurs pulpes et les mettre en réserve pour
quatre ou cinq années; il va sans dire que plus nos
graines vieilliront plus elles perdront leur action
germinative.

Peu de personnes sèment des violettes, si ce n'est
les spécialistes, quelques amateurs et quelques personnes qui trouvent plus simple d'emporter des
graines que des plants. Théoriquement c'est bien,
mais en pratique c'est mal, et voici pourquoi; les
trois quarts des espèces ou variétés ne donnant pas
ou peu de graines et surtout les plus belles, par ce
fait, on diminue les chances d'en obtenir. De plus, les
graines de violettes lèvent difficilement même sur
place, à plus forte raison quand elles sont séchées par
le voyage. En somme, je conseillerai toujours d'emporter des plants; c'est bien plus simple, ce n'est
ni onéreux ni volumineux, et cela peut s'exporter aux
plus longues distances.

Pour les personnes qui veulent semer, l'opération
n'est pas difficile. Pour obtenir le meilleur résultat,
il n'y a qu'à laisser opérer la nature seule ; en récol-
tant nos graines à l'automne, nous les semons immédiatement en terrine dans une bonne petite terre
douce et fraîche, nos terrines seront mises en
plein jardin et enterrées au rez. Elles seront aussi
recouvertes d'une toile métallique où grillage ,
qui pourra protéger les graines contre l'invasion
des mulots et souris : car sans cette précau-

tion il ne resterait plus une graine au printemps.

Comme nous semons au commencement de Novembre, aucun soin à donner ; nos terrines sont
assez humides jusqu'au printemps, époque où nos
germes commencent à se montrer, s'étant préparés
tout l'hiver, c'est à ce moment qu'il ne faut pas négliger de les entretenir d'une humidité constante et
régulière.

Lorsque les cotylédons sont bien sortis et que les
premières petites feuilles se développent, c'est l'instant de repiquer en pépinière, à demi-ombre pour
commencer, et successivement de mettre à l'air libre.
A fin mars, quoique petites, nous pouvons planter
en place comme de gros plants d'éclat ou de filets,
à l'automne elles les auront devancées, les plants
de semis reprenant mieux et étant beaucoup plus
vigoureux que toute autre multiplication.

Pour les personnes qui ne disposent pas de graines
fraîches, qui ne disposeraient que de graines achetées ou ayant voyagé et dont ces circonstances
auraient eu pour but de durcir l'enveloppe de
l'amande germinative, il sera toujours bon de faire
stratifier les graines, par exemple, dans de bons ter-
reaux bien frais et humides, le tout dans un vase qui
sera tenu à une température tiède et humide. Après
deux mois de cet apprêt, nous semons en terrine, vers
fin janvier, si le temps le permet, en recouvrant nos
terrains de cloches, et en continuant de tenir le tout
humide ; si le temps est froid ou à la gelée, nous
pourrons mettre nos terrines sous châssis ou en
serre froide, mais toujours bien maintenir notre humidité.

L'opération du semis a deux effets : le premier
est de régénérer les races, de les rendre vigou-

reuses ; le deuxième est l'espoir d'obtenir quelques
variétés intéressantes. Malheureusement, il n'est
pas facile d'obtenir de bons résultats, même dans
les deux cas, voici pourquoi : Avez-vous à régénérer
des violettes de variétés vulgaires, cela va bien ; vous
récoltez des graines en quantité, vous semez sans
grands soins et vous obtenez à peu près semblable
à ce que vous avez déjà, la vigueur en plus, et une
foule de variations insignifiantes de votre variété ;

Fig. 21. — Vue d'une violette   Fig. 22. — Capsule ouverte.
    à éperon très prononcé.   Valve prête à projeter
                                               ses graines.

enfin cela passe encore. Mais là où est la difficulté,
c'est d'obtenir des graines sur les jolies variétés ;
là, il n'y a presque pas de capsules, presque pas de
graines ; encore le peu que vous récoltez étant mal
constitué, lève mal. Ce qui lève reproduit à peu
près le type de semis, bien souvent plus mauvais,
aussi est-ce un succès quand on obtient une variété
méritante. En plus de ces obstacles, il y a les variétés qui n'ont jamais porté de graines ; ces variétés
existent depuis bien longtemps et n'ont jamais va-
rié. J'entends dire : « Pourquoi ne les fécondez-vous
pas artificiellement ? » C'est vrai, c'est possible,

mais c'est plus facile à dire qu'à opérer ; bien entendu sur les variétés difficiles à émettre des graines, ces variétés ne donnent que fin septembre, commencement d'octobre ; or, comme il faut au moins deux mois pour la formation de ces graines, les fleurs qui les ont fournies étaient fleuries vers fin juillet. A cette époque de l'année, les fleurs de violettes sont à peine perceptibles, les organes sont mal formés, les pollens peu jugeables, peu transportables. En un mot, une opération faite dans ces conditions n'est rien moins que certaine.

Un fait certain prouve ce que j'avance ; prenons un exemple dans les variétés donnant naturellement des graines à profusion et se semant d'elles-mêmes à la pleine terre, comme le *Czar blanc*, *Rawson-s'Withe Wilson*, *Viola-odorata-Rubra*, *Quatre-Saisons* odorante. Voici donc cinq variétés généreuses de graines qui se cultivent dans un établissement, peu distantes les unes des autres et sans obtenir aucune variation. Ce serait bien, si la fécondation artificielle eût été facile à opérer, il y a longtemps que, selon mon humble expérience, je devrais avoir un mélange infini de ces variétés, car les mouches, nos gentilles auxiliaires dans ces sortes de travaux, n'auraient pas manqué de le faire si ç'eût été possible, étant donné surtout la saison des mois de juillet et août. En résumé, si l'opération de la fécondation artificielle n'est pas impossible, elle n'est pas facile à exécuter, et le résultat n'est rien moins que certain.

CHAPITRE XIX

MALADIES DES VIOLETTES
ANIMAUX ET INSECTES NUISIBLES

Comme tous les végétaux, les violettes ont leurs ennemis naturels et intempestifs.

Cependant je dois déclarer que l'ennemi commun n'est pas encore très dangereux, et qu'avec un peu de bonne volonté on combat facilement toutes ses invasions. Je dis : comme tous les végétaux, il semblerait à m'entendre que tous ceux que nous cultivons maintenant soient soumis à tous les cataclysmes de la terre. Partout on entend dire : « Oh! dans le temps, nous n'avions pas ces maladies, on ne peut plus rien avoir, tout est malade, rien ne croît plus. » C'est vrai dans un sens ; on ne peut nier que nous voyions plus de maladies qu'il y a cent ans. Mais aussi, il y a un siècle et plus, je ne pense pas qu'on s'occupait sérieusement de cultures spéciales et forcées en faisant un commerce rémunérateur comme aujourd'hui. Quand une récolte ne donnait pas satisfaction, cette défection était attribuée à diverses calamités, soit aux intempéries soit aux brouillards, aux gelées ou à toutes autres causes. Maintenant il n'en est plus de même, les cultures sont surmenées ; on voudrait qu'elles donnassent le maximum de récolte chaque année sans trêve ni repos, et on va répétant les paroles de quelques pessimistes : « Rien ne vient plus, tout est malade.» Je ne crois pas que ces paroles soient bien fondées, car étudiant de bien près ces terribles pronostics, c'est le contraire qui s'en dégage. A-t-on jamais vu de si beaux produits en horticulture que de nos jours? De quelque côté qu'on se tourne, fruits, fleurs légumes, tout abonde, bon, gros, pas cher et beau par-dessus le marché. Je ne citerai aucun produit : car pour être impartial il faudrait les citer tous.

J'aime mieux revenir à nos violettes et dire à mes lecteurs : « Comment voulez-vous qu'il y a cent ans on ait pu constater les maladies des violettes, puis-qu'elles étaient à peine cultivées, ou du moins pas commercialement, et qu'on n'y attachait aucune importance? Rien d'étonnant qu'à cette époque les souris eussent comme de nos jours coupé les feuilles des violettes des bois pour faire leur nid; rien d'étonnant non plus qu'un parasite ait envahi un sous-bois de violettes. Tout cela a donc pu exister, en somme, mais comme il n'y avait pas d'intérêts d'engagés on n'y faisait pas attention.

Aujourd'hui il n'en est pas de même; on fait chaque année de nouvelles cultures et cela à grands frais; on veut qu'elles couvrent les dépenses et donnent des bénéfices; il faut donc que les recettes soient toujours abondantes. A ce propos, je dois signaler les petits inconvénients des différentes cultures de violettes. Comme je l'ai déjà dit, ils ne sont pas énormes, combattus à temps; abandonnés à la marche du temps ils peuvent au contraire prendre des proportions assez sérieuses et compromettre une bonne partie de notre travail.

———————

CHAPITRE XX

DES MULOTS ET SOURIS DES CHAMPS

« A tout seigneur tout honneur. » Comme les souris et les mulots sont les plus grands animaux qui nuisent aux cultures de violettes, je dois les citer les premiers. Ce n'est pas parce qu'ils font un mal irréparable, toutefois si on laissait cette gente rongeuse s'implanter dans la culture on n'aurait pas à s'en féliciter. Çà et là ce seraient de petits terriers avec des amoncellements de terre autour, couvrant la plupart des plantes ; plus loin ce seraient des nids de forme ronde construits avec les feuilles des violettes ; des châssis entiers se trouveraient dépouillés de leurs feuillages en une seule nuit et, chose singulière, pas un bouton ne serait coupé (1). Or, en admettant qne les boutons ne fussent pas coupés, ces amoncellements de terre, de fumier quelquefois, ces rongements de feuilles mis en tas, tout cela ne constituerait pas des cultures en parfait état. La seule chose à faire est de se débarrasser de ces ron-

(1) A propos de ces feuilles coupées j'ai fait encore cette année une remarque assez bizarre. Ainsi comme je le disais, j'ai vu des feuilles coupées, sans qu'il y ait un seul bouton parmi et cela dans des violettes qui en étaient couvertes ; à côté j'avais une serre pleine de Cyclamens en plantes moyennes, couvertes de boutons ; un matin j'eus le désespoir de voir qu'une grande partie de mes boutons de Cyclamens étaient coupés, sans que les feuilles fussent touchées, c'était l'inverse des violettes ; le lendemain matin j'avais pris cinq mulots.

geurs et rien n'est plus facile : quelques souricières à trois trous, garnies de blé ou de farine vous en débarrasseront; si cela ne suffit pas, mettez la *souricière du jardinier*, elle est infaillible et très bon marché : il suffit de mettre sur une tuile, soucoupe ou autres corps plats un godet de 10 ou 12 centimètres de diamètre le soulever de la hauteur d'une noix debout qui aura été au préalable cassée d'un côté, bien tourner le côté cassé en dedans du pot, et le tour est joué : le rongeur, en sentant qu'il y a une une partie plus commode à attaquer que l'autre, se tourne sous le pot, attaque la noix qui, étant mise très légèrement sous le bord du pot, glisse et le retient sous le pot où il est fait prisonnier. Pourtant je dois dire que cette invasion n'est pas générale; tant mieux ! ceux qui n'ont pas à s'en défendre ont plus tôt fait.

CHAPITRE XXI

PUCERONS

Pucerons verts aériens, pucerons bruns souterrains, types de la famille des Aphydiens.

Malheureusement, les violettes ne sont pas plus exemptes des pucerons que les autres fleurs ; elles n'en sont pas atteintes annuellement, comme les rosiers par exemple ; mais, quoique ce ne soit pas régulier, ce n'est pas moins déplaisant d'en être infesté.

Je commence par le puceron vert aérien, celui qui vit dans le feuillage et les fleurs de la violette ; il se colle le long des pédoncules, leur extrait la sève, les tord de telle sorte que l'on voit souvent une fleur de violette servir d'embouchure à un cor de chasse vert ; toutes les parties sucées forment des sinuosités défectueuses dans les pédoncules, déforment les fleurs et les gâtent. Il y a bien un remède radical, ce sont les seringages au tabac. C'est infaillible, mais dans les violettes c'est fâcheux à employer, car, comme on cultive les violettes principalement pour leur parfum, la nicotine employée laisse toujours un certain goût de tabac ; je conseillerai plutôt, si on s'en aperçoit au début, de jeter de la poussière de tabac qui ne dégage pas d'odeur et suffit à arrêter le puceron ; si on s'en aperçoit quand les violettes sont bien infestées, deux seringages sérieux et l'on est débarrassé ; seulement, pendant quelque temps, les violettes sentent le tabac, et il est bien utile, pour faire disparaître le goût du tabac, de donner deux bons lavages à la seringue; mais, heureusement, ce n'est pas souvent que nous avons de ces invasions dans les violettes.

Un autre genre de puceron s'attaque aux racines et au corps des plantes; celui-là est brun et plus vorace que le précédent; c'est je crois le même qui s'attaque au lasseron. J'ai été longtemps à m'apercevoir que cette maladie de la violette était due à un puceron, et voici comment il procède : au mois d'août, lorsque les violettes végètent, qu'elles commencent à bien pousser, tout à coup, on voit parmi elles se faner des touffes supposées pleines de santé, et périr en quelques jours. Je fus longtemps à ne pas m'en inquiéter, mais en regardant les touffes mortes, je trouvais tous les tissus herbacés dévorés, ne laissant plus que les corps ligneux. Cet état de choses m'intriguant, j'étudiai à quoi était due cette dévastation; je guettai et je découvris des animalcules. Ils s'attaquent au corps, au tronc, et tout cela en terre, dévorant, comme je le dis plus haut, tous les tissus herbacés des corps. Ils ne laissent que le bois, ce qui détermine la mort de la plante.

Habituellement, ils partent avant que les violettes ne se fanent.

Je dois signaler un autre insecte, bien plus petit que le puceron, mais bien plus terrible; je veux parler de l'araignée rouge connue sous le nom de grise, acariens (genre des Arachnides).

CHAPITRE XXII

ARAIGNÉES ROUGES

Vᴜʟɢᴏ *appelée grise.*

Cette araignée, bien trop connue des jardiniers, s'attaque aux violettes en dessous des feuilles, surtout au mois d'août; elle fait jaunir les feuilles et, finalement, réduit la plante à un état d'anémie déplorable. Cependant la violette n'est pas sa plante préférée : les haricots, les tubéreuses, les fraisiers, les ormes et les tilleuls de nos villes en sont annuellement infestés. Le plus souvent, ce sont ces mêmes plantes qui la transmettent aux violettes, et jusqu'à présent il n'est pas de remède radical pour s'en défaire. Ce qui vaut le mieux, quand on le peut et que les plantes le permettent, c'est de les tenir en humidité constante, c'est ce qui déplaît le plus à l'araignée et qui souvent lui fait lâcher prise. Cela arrive souvent naturellement à l'automme, quand aux grandes chaleurs succèdent les pluies de septembre et octobre; les feuilles du cœur reverdissent alors et celles du tour de la plante qui étaient fortement atteintes jaunissent et meurent. On fera bien, si on le peut, d'enlever ces vilaines feuilles pour hâter le départ de l'araignée.

CHAPITRE XXIII

MALADIES CRYPTOGAMIQUES

Ayant à peu près fait connaître les animaux nuisibles à ce genre de plantes, il me reste à dire quelques mots sur les champignons, Péronosporés, Mildew, etc., qui l'attaquent.

Le premier cas, qui est connu de tous les cultivateurs de violettes, est un champignon à fibres très grandes, se développant très vite et formant des talles de moisissures, surtout dans les rassemblements de feuilles. Ce champignon n'a rien d'anormal dans la plante, il est le résultat de la grande humidité de l'intérieur des châssis pendant l'hiver. Toutes les plantes en sont attaquées dans les mêmes conditions ; aussi le traitement préventif est-il toujours le meilleur : une bonne aération dans les jours de beau temps, des plantes bien vives, bien traitées, et cet inconvénient ou maladie n'existe pas : car ce Tallophyte a toujours existé et s'est toujours développé plutôt sur des plantes maladives, étouffées, que sur celles qui étaient en parfait état.

Le deuxième parasite, du genre des Péronosporés, est plus récent, je devrais dire plus nouvellement connu ; il m'a été signalé d'abord par un de mes bons clients d'Amérique.

Comme le Mildew sur la vigne, il se déclare tout à

coup, et celui qui ne connaît pas cette maladie est surpris de sa marche rapide.

En effet, le commencement est bizarre ; on dirait un petit grain de plomb chaud qui, ayant brûlé la feuille, aurait formé un point noir brun, le point grandit porteur d'un cercle bleuâtre qui, lui-même,

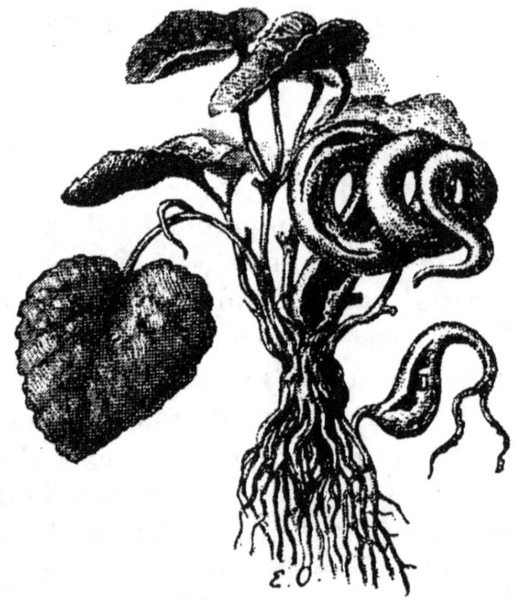

Fig. 23. — Effet d'une maladie cryptogamique.

est entouré d'un autre cercle jaunâtre, résultat de la décoloration de la feuille. Si le temps est favorable au développement, les cercles grandissent, envahissent la feuille entière et au moindre coup de soleil elle est ternie comme si elle avait été brûlée et réduite en cendre.

Quelques plants succombent sous le coup de cette maladie ; pourtant je dois ajouter que, dans les premiers moments où elle me fut signalée, elle me parut plus dangereuse ; depuis quelques années, je ne sais si je dois cela au soufre que je répands sur mes plants, toujours est-il qu'ils s'en trouvent bien.

Je n'ai pas la prétention de dire que le soufre guérit de cette maladie. Non, loin de là ma pensée ; seulement, je considère qu'il sert d'isolateur entre les feuilles et la terrible humidité des longs mois d'hiver. Il faut pour cela qu'il soit bien distribué et en poussière fine, presque invisible. Enfin pour terminer, je passerai à la troisième maladie cryptogamique.

Cette dernière est assez sérieuse dans un sens. c'est-à-dire que jusqu'à ce jour elle ne s'attaque qu'à deux ou trois variétés, et cela heureusement : car elle a déjà privé les jardiniers fleuristes de Chevreuse de cette culture depuis fort longtemps. Ces jardiniers, grands cultivateurs de pensées, pâquerettes, etc., livraient au marché parisien des violettes doubles blanches et doubles bleues par mille petites clayettes chaque jour de marché ; aujourd'hui, l'acheteur a du mal à en rencontrer quelques petits spécimens.

Voulant me rendre compte du motif de l'abandon de cette plante par les cultivateurs, j'ai interrogé plusieurs d'entre eux ; leurs réponses ont été uniformes : « Les violettes ne poussant plus ou ne faisant plus rien, nous les avons abandonnées. »

Moi même ai failli perdre ces deux violettes doubles ; mais c'était particulièrement la blanche double de Chevreuse et la *Belle de Châtenay*, double également, qui étaient les plus atteintes.

Voulant me rendre compte de la maladie qui les décimait ainsi, j'étudiai les cas ; or cela en valait la peine. Toutes mes touffes de violettes étaient pleines de gibbosités, pédoncules, feuilles et fleurs, voire même les coulants, tout était dans le même état; les pétioles des feuilles qui auraient dû être gros comme une petite allumette, étaient gros comme le petit doigt, et cela par place, par mamelon. Je ne pourrais mieux comparer ces boursouflures qu'à celles que fait le puceron lanigère sur les pommiers, et je crus même longtemps qu'elles étaient l'effet d'un puceron assez semblable au puceron lanigère. Or il n'en est rien; malgré toutes mes recherches, quoique aidé d'instruments assez sérieux, je n'ai pu constater la présence d'un puceron, je n'ai trouvé qu'un champignon, et mes observations m'ont même amené à constater d'une façon parfaite la marche de ce champignon, qui est très curieux à observer.

Comment naît-il? Je ne saurais l'affirmer (1). La première trace que j'ai constatée sur une plante, est un petit filament longitudinal assez semblable à un fil. Bientôt se forment de petits points gris, durs, d'où émergent d'autres petits filaments gris, qui, faisant l'office d'une pieuvre enserrent et étouffent la branche attaquée. La partie restée libre en grossit d'autant plus, et forme une boursouflure longitudinale, qui parfois recouvre la place attaquée; arrivées à cette

(1) Cette année, tout dernièrement, j'ai acquis la quasi-certitude de la naissance et propagation de ce cryptogame; elle n'est due, selon mon humble observation, qu'à une poudre noire, résultant de la maturité du champignon et qui, en se répandant sur toutes les nervures de la plante, lui infuse les filaments cryptogamiques, ceux-ci, trouvant dans certaines variétés un milieu propre à leur développement y croissent rapidement.

Heureusement que la variété *Blanche de Chevreuse* est la seule favorisant cette maladie.

Je dois ajouter qu'il y a bien des années déjà que j'avais constaté de ces excroissances sur la violette; mais soit que les variétés connues alors ne se prêtassent pas à la contamination, soit pour tout autre cause elle ne faisait aucun dégât, et l'on regardait ces grosseurs comme accidents de nature.

phase de développement, les gibbosités se crevassent en long, laissant voir une poussière couleur chocolat noir qui de toutes ces crevasses s'envolait sur les feuilles au moindre souffle d'air.

C'est l'apogée du développement de la maladie.

J'ai vu certaines plantes atteintes dans toutes leurs parties vitales en même temps ; alors toutes ces boursouflures se rouillent, se pourrissent, amenant ainsi la mort des plantes.

Pendant quelques années, cette maladie m'intriguait beaucoup ; j'avais fait des plantations en très bonnes conditions pour donner de la sève à mes plantes et les rendre plus fortes contre le fléau, rien n'y fit. Au contraire, plus les plantes étaient fortes et tendres, plus le mal se développait avec force ; tâtonnant toujours, je nettoyais toutes les plantes dans leurs parties malades, et je les plongeais toutes entières dans un bain de bouillie bordelaise. En sortant elles furent passées dans la fleur de soufre ; c'était peut-être un peu radical ; en tout cas cela me réussit, et j'eus le plaisir de voir mes plantes progresser et arriver à l'automne très saines et vermeilles ; depuis que quelques velléités de retour se produisent, ou bien j'écarte les plantes malades ou bien je les traite comme je l'ai dit ci-dessus, et j'obtiens des plantes irréprochables.

Je terminerai par une maladie qui n'en est pas une ; je veux parler des violettes « borgnes » comme on dit en termes de métier, c'est-à-dire des violettes dont les cœurs ne se sont pas bien constitués. Cela est dû, le plus souvent, à la position qu'elles occupent pendant leur élevage, soit parce qu'elles sont trop près les unes des autres, soit parce qu'elles sont à l'ombre. Dans l'un et l'autre cas, c'est toujours le manque d'air qui en est cause ; les feuilles se sont développées trop vite, ont étiolé la plante et l'ont rendue improductive ; en ce cas rien n'est à faire. Nous devrons serrer ou rentrer nos violettes, nous devrons éliminer les plantes ainsi constituées. Les violettes borgnes sont très reconnaissables parmi les autres, car la sortie des feuilles est spontanée, au lieu d'être alternée. D'autres fois dans le semblant de cœur on voit cinq ou six petits boutons à fleurs tous de même grandeur, au lieu d'être successifs.

Ici s'arrête mon travail, en le faisant je ne me suis pas un seul instant départi de la modestie que comporte mon sujet. En présentant à mes lecteurs ce livre je n'oublie pas mes lectrices auxquelles je suis heureux de l'offrir avec ces quatre vers qu'un poète du XVIIe siècle a madrigalisé sur ces deux sœurs la violette et la femme.

LA VIOLETTE

Modeste est ma couleur, modeste est mon séjour,
Franche d'ambition, je me cache sous l'herbe ;
Mais si, sur votre front je me puis voir un jour,
La plus humble des fleurs sera la plus superbe.

(DESMARETS DE SAINT-SORLIN.)

NOTE

SUR LA CONFECTION DE BONBONS FINS A BASE
DE FLEUR ENTIÈRE DE VIOLETTE

A propos des violettes de Toulouse et de quelques autres centres (violette double de Parme exclusivement), je ne voudrais pas passer sous silence une industrie, vieille de quelques années seulement, qui fait très bien son chemin, et qui, chaque jour, prend une extension considérable.

On avait, dans le midi de la France, toujours employé les violettes pour la parfumerie (essence de violette et autres); mais on n'avait jamais songé à en faire des bonbons, non-seulement des bonbons au parfum de violette, mais entièrement composés avec la fleur de violette extra; aujourd'hui cette idée a fait son chemin, et, actuellement Toulouse, Nice, et même Paris, font le commerce de ce bonbon.

Cette fabrication qui, il y a quelques années, débutait par quelques milliers de francs, atteint, en 1896 des sommes importantes, et promet de prendre une extension considérable; pourtant elle ne repose que sur un bonbon informe composé d'une fleur entière de violette de Parme double; les violettes, dépourvues de tige, sont passées dans le suc fondu qui imprègne tous les pétales, et donne ainsi du corps à la fleur, tout en lui laissant forme, couleur et parfum; elles sont, en terme de métier, candiées.

En somme, bonbons parfaits, jolis et exquis; malgré leur préparation, les violettes conservent leur couleur bleu mauve et la délicatesse de leur forme; comme je l'ai dit plus haut, chaque année voit croître cette industrie : à Toulouse, cinq maisons importantes s'y livrent sérieusement; la maison Arnould, de la rue Saint-Etienne, tient le record de cette fabrication, elle en est, du reste, la fondatrice. A Paris et à Nice plusieurs maisons s'en occupent aussi.

Il faut de 500 à 1000 violettes de Parme pour faire un kilo de bonbons, suivant la dimension des fleurs; le prix en est variable aussi, suivant que les fleurs sont grosses et bien réussies, ou qu'elles sont petites : le prix du kilo est de 6 à 9 francs.

Quoiqu'une partie soit consommé en France, les principaux débouchés pour ce produit sont l'Amérique du nord, New-York, Chicago, Philadelphie, et même San-Francisco; quelques pays coloniaux en achètent aussi pas mal.

Aussi nos cultivateurs se réjouissent-ils de ce nouvel emploi qui, en temps utile, activera la vente de cette fleur en leur procurant de bons bénéfices.

NOTE

Au cours de cet ouvrage, une variété nouvelle, à fleur jaune, a fait son apparition, je dis nouvelle, quoiqu'elle ne le soit pas, puisqu'elle a été recueillie à l'état spontané, par un facteur des postes à la lisière, d'un bois du département de l'Indre.

Elle se répand dans le commerce sous le nom de viola odorata sulpharea (odorata est très contestable), quoi qu'il en soit, c'est une plante originale, presque jolie, coloris unique en son genre, jaune citron, avec gorge chamois, très agréable. La plante paraît robuste et vigoureuse, avec son beau feuillage vert foncé, très floribonde, surtout au printemps; cette petite violette est appelée à varier agréablement nos collections, et fera, je l'espère, son chemin parmi ses contemporaines.

TABLE DES NOTES ET LÉGENDES

TABLE DES CULTURES

CHAPITRE XVIII

CHAPITRE XIX

CHAPITRE XX

CHAPITRE XXI

CHAPITRE XXII

CHAPITRE XXIII